新获卓越杯

——中国石油工程设计大赛指南

梁永图 ◎ 主编

石油工业出版社

内 容 提 要

本书作为中国石油工程设计大赛组织和参赛指导用书,为大赛组织和参赛官方培训手册。主要内容包括:中国石油工程设计大赛的起源、发展、理念、重要事件和培养卓越石油工程师起到的重要作用;中国石油工程设计大赛的命题原则与要求,参赛前必备的知识技能,评审办法;介绍参赛作品完成过程中和全国总决赛答辩时的注意事项;展示四届卓越杯获奖团队作品。

本书可供中国石油工程设计大赛的参赛学生和组织筹办人员阅读,同时也可以作为石油天然气工程学科学生课程设计、毕业设计的教学参考书和油田生产设计单位的参考书籍。

图书在版编目(CIP)数据

斩获卓越杯:中国石油工程设计大赛指南/梁永图主编.—北京:石油工业出版社,2015.1
ISBN 978-7-5183-0602-2

Ⅰ.斩⋯
Ⅱ.梁⋯
Ⅲ.石油工程—设计方案—作品集—中国—现代
Ⅳ.TE

中国版本图书馆 CIP 数据核字(2015)第 004482 号

出版发行:石油工业出版社
　　　　　(北京安定门外安华里 2 区 1 号　100011)
　　　　　网　　址:www.petropub.com
　　　　　编辑部:(010)64523583　发行部:(010)64523620
经　　销:全国新华书店
印　　刷:北京中石油彩色印刷有限责任公司

2015 年 1 月第 1 版　2015 年 1 月第 1 次印刷
710×1000 毫米　开本:1/16　印张:7.75
字数:110 千字

定价:38.00 元(赠光盘)
(如出现印装质量问题,我社发行部负责调换)
版权所有,翻印必究

本书编写组

主　编：梁永图

副主编：曹立虎　王宇航

成　员：肖　坤　邸　飞　王　伟　洪　铖　李小江

PREFACE

序

随着全球科技水平的进步，石油工业中对油田工程的开发设计已经由原来的主要满足使用功能，转变为一项需要综合考虑钻井效率、储层保护、采收率、经济效益等多方面要求的工作。同时对油藏、钻井、采油、储运等多专业协作的要求进一步提高，对设计者的专业知识水平、总体规划程度、创造性思维等提出了更高的要求。

几年前，我国石油类高校培养方式与企业需求存在脱节现象，不能够在最大程度上发挥学生的主观能动性。我曾经在中石油多个油田勘探现场工作，深知理论与实践之间存在较大差距，尤其是遇到一些课本上没有提到的情况更需要从零开始，完全依靠创新，甚至头脑风暴。面对日益复杂的油气田勘探开发现状，石油类高校应该主动承担起培养学生创新意识的重担。

中国石油大学（北京）是国内著名的石油高等院校，多年来，为石油企业输送了大量人才。学校目前已经确立了建设"石油石化学科领域世界一流的研究型大学"的宏伟目标。近年来，学校为了实现这一目标，积极与国内兄弟院校和科研单位合作，并不断加强与国际知名高校的交流，取得了显著的发展成果。

为了更好地发挥国内顶尖石油高校的带头作用，中国石油大学（北京）积极与教育部、世界石油大会中国国家委员会、中国石油

学会、中国石油教育学会沟通协商，从战略高度出发，创新性地提出了集"学、赛、研"于一体的人才培养模式，并于2011年5月组织发起了首届全国石油工程设计大赛，创立了国内首个石油工程类的学科竞赛平台，现已成功举办四届，成为教育部首个全国研究生创新实践系列活动主题赛事。大赛的比赛内容不同于课本上的理想化模型，直接采用生产现场的实际数据，以求更好地训练学生理论联系实际的能力。目前，大赛得到了国内外40余所高校的积极响应，并获得了三大石油公司的大力支持。各方对于大赛的成功举办给予了很高评价，普遍认为这是我国石油教育历史上的里程碑。

　　历经四载发展，全国石油工程设计大赛在整体规模、赛题选择、系列活动等方面均有较大突破和创新，已经成为了国内石油高校的品牌性活动。从2011年至今，四届大赛分别选取常规油田、低渗油田、稠油油田、煤层气田的现场资料作为基础数据，拓宽了研究范围，增大了专业深度，不断引领石油科技的前沿。大赛邀请了国内外各大石油公司的资深技术专家，与全国各石油高校的著名教授一起组成评审团，秉持公平、公正、公开的原则，从企业实际应用和高校理论教学两个角度对作品进行评定。大赛促进了学生的专业知识学习，提高了工程实践能力，激发了科技创新潜质，打造了卓越工程师培养的新模式。大赛成功地将"学、赛、研"有机结合在一起，为全国乃至世界的石油学子及石油工程师打造了集应用、创新、交流于一体的平台，提高了石油工程类专业学生的工程实践能力和技术创新能力，鼓舞了广大石油学子投身石油工业技术创新和生产实践的热情。此外，大赛进一步加强了国内外石油高校及研究机构之间的了解互信，加深了国内与国际石油专业的学术交流与合作，对各高校加强石油工程等相关专业的学科发展和建设，培养创新型、综合型人才，推动科研工作的发展，提高我国石油技术专业在国际上的学术地位有着极其重要的意义。

我很荣幸受聘石油工程设计协会总顾问，在每届大赛中，我都会尽可能地去参加各项活动，尽可能地去关注大赛优秀作品。通过参与大赛系列活动，我能够感受到获奖同学的创新性思维，同时也看到了祖国石油工业未来建设者的风采。我相信石油学子们通过比赛，他们的理论知识能够达到一个新的高度，解决实际生产问题的能力也会有很大的提高。

严谨的思维、合作的意识、创新的精神是获奖团队成功的因素。为了让这些优秀的经验得到更大范围的传播，也为了让后来的石油学子能够更好地吸取大赛精华，全国石油工程设计大赛组委会出版了这本指南。此书凝聚着组委会多年赛事组织工作的心血，我相信，本书对大赛的健康发展可以起到很好的推动作用，也会为石油学子日后参加大赛打下坚实的基础。

是为序。

中国科学院院士 贾承造

2014 年 11 月

FOREWORD 前 言

每年的五月，对于广大石油学子而言，就像是一个盛大的节日。他们从全国各地，乃至世界各地汇聚北京，期待一场比拼，期待一次碰撞，期待在全国石油工程设计大赛的舞台上展现自己的才华。

2001 年，我成为中国石油大学（北京）石油工程学院的一名教师，在教学中感受到，石油与天然气工程学科主要任务是进行油气田总体开发方案的设计和实施，如果只考虑其中一部分或某部分进行研究、决策，不会达到最优的效果，而应该将油气田开发建设过程当成一整套系统，培养学生"油气田开发地面地下一体化"思维。2008 年，我担任中国石油大学（北京）石油工程学院党委副书记，想通过举办"油气田开发方案设计竞赛"将整个油气田开发的产业链嫁接到课堂教学中，提升学生的知识运用能力、实践创新能力和团队协作能力，进而实现对学生专业综合能力的考察。我的这一想法得到了校院两级领导的认可，学校领导和各职能部门给予我们很好的指导和帮助，学院则将筹办"油气田开发方案设计竞赛"作为学院的重要工作。

2010 年底，筹备组完成大赛实施方案（草案），在向原石油工业部部长王涛博士汇报后，老部长建议将大赛名称改为"全国石油工程设计大赛"，同时经过多次协调，确定了大赛由世界石油大会

中国国家委员会、中国石油学会和中国石油教育学会联合主办，中国石油大学（北京）承办的组织模式。

2011年5月，首届全国石油工程设计大赛在北京举办，全国16所石油高校2000余名学子参与其中，大赛首次登上中国石油教育界的舞台，获得业界赞许；2012年5月，第二届全国石油工程设计大赛在北京举办，大赛规模、参赛队伍、赛题选择等方面均有所突破和创新，并于当年12月成为首个加入教育部全国研究生创新实践系列活动的赛事，教育部学位与研究生教育发展中心也成为大赛主办单位之一。时隔一年，第三届大赛的参赛作品类型在原有的方案设计类的基础上增设了技术创新组和国际组，并邀请了国内外石油公司的专业工程师参与评审；2014年的第四届大赛发挥网络优势，开发网络报名评审系统，实现全面无纸化操作，简化了参赛形式，体现了节俭办大赛的宗旨。2014年11月，经教育部学位中心王立生主任提议，大赛名称改为"中国石油工程设计大赛"。

"四年四届，铸就品牌"，大赛经历了从无到有、从探索到成熟、从国内走向国际的光辉历程。大赛在培养石油工程卓越人才方面所起的作用得到教育部、石油企业、高校和媒体的高度认可。教育部学位中心将大赛纳入"全国研究生创新实践系列活动"；中国石油、中国石化和中国海油给予大赛高度支持，三大石油公司有关领导连续四年出席大赛颁奖大会，中国石油董事长周吉平先生号召中石油"继续支持全国石油工程设计大赛"，中国石化高级副总裁王志刚先生号召中国石化对大赛获奖团队进入中石化开辟"绿色通道"，中国海油总经理助理陈伟先生号召在大赛赛题方面给予绝对支持；西南石油大学原校长杜志敏教授赞誉大赛为石油教育界的"奥林匹克"；中国石油大学（华东）孙宝江教授称大赛为史无前例的创举；中国石油报、中国石化报等媒体连续四年报道宣传大赛。

全国石油工程设计大赛日益成熟，国内外影响力持续增强，在未来的发展中，大赛依然会坚持"学以赛用，赛以促研"的理念，"从学生中来，到学生中去"的方式，不断创新组织模式，充分发挥大赛在培养石油工程卓越人才方面所起的重要作用。

2011年底，全国石油工程设计大赛组委会整理首届大赛前20强作品出版《首届全国石油工程设计大赛优秀作品集》，受到广大读者的好评，然此书仅是首届优秀作品的简单展示，也没有涉及大赛的组织、赛题和评审模式及参赛过程中的注意事项。因此，大赛组委会秘书处考虑出版《斩获"卓越杯"——中国石油工程设计大赛指南》一书，作为中国石油工程设计大赛组织和参赛指导用书，以指导大赛的组织筹办工作，帮助参赛学生掌握大赛的要点，提高参赛作品质量。全书主要内容包括五个部分：第一部分对中国石油工程设计大赛进行概述，介绍大赛背景、意义、名称标识、成长过程、组织模式、系列活动、参赛对象、赛题和流程等；第二部分是中国石油工程设计大赛方案设计类作品写作指南包括作品基本要求、赛题基础数据和方案编写指南；第三部分介绍了中国石油工程设计大赛技术创新类作品写作指南，包括作品基本要求和申报书的编写；第四部分是中国石油工程设计大赛评审办法，介绍了大赛评审流程的具体安排、评审标准和注意事项，以及大赛的计分办法和奖项设置；第五部分是中国石油工程设计大赛卓越杯作品展示，展示了首届、第二届、第三届和第四届中国石油工程设计大赛的卓越杯作品要点。另外，为了更加直观地展现作品成果，让参赛学生身临其境感受大赛，本书还附赠了四届大赛卓越杯的演示文档、第三届和第四届卓越杯汇报视频光盘。

本书由梁永图负责策划和最后定稿。编写分工如下：第一章由王宇航和梁永图编写，第二章、第三章由王伟和洪铖编写，第四章

由李小江编写,第五章由曹立虎和肖坤组织整理,光盘由曹立虎和邱飞整理完成,吴锐、高彦芳和陈凯枫也参与本书图表、视频的制作,本书是团队合作的成果。

本书的出版得到了教育部学位与研究生教育发展中心、世界石油大会中国国家委员会、中国石油学会和中国石油教育学会等学术机构及中国石油、中国石化、中国海油等石油企业的大力支持,大赛专家委员会主任、石油工程设计协会总顾问贾承造院士在百忙之中为本书撰写序言,中国石油大学(北京)及国内兄弟院校也对本书的出版给予了大量帮助。在此向上述单位和个人致以崇高的敬意,向关心和支持大赛的单位、专家和同行们表示由衷的感谢!

由于作者水平有限,书中难免有不当之处,敬请指正。

2014 年 12 月于北京

目 录

第1章 中国石油工程设计大赛概述

1.1 大赛背景 ……………………………………………………………（ 1 ）

1.2 大赛理念 ……………………………………………………………（ 3 ）

    1.2.1 理论与实践是人才的必备能力 ………………………………（ 3 ）

    1.2.2 人文素养是人才的竞争软实力 ………………………………（ 3 ）

1.3 大赛意义 ……………………………………………………………（ 4 ）

    1.3.1 创新育人模式 …………………………………………………（ 4 ）

    1.3.2 搭建育人平台 …………………………………………………（ 6 ）

1.4 大赛名称、口号、标识与卓越杯 …………………………………（ 10 ）

    1.4.1 大赛名称 ………………………………………………………（ 10 ）

    1.4.2 大赛口号 ………………………………………………………（ 11 ）

    1.4.3 大赛标识 ………………………………………………………（ 12 ）

    1.4.4 卓越杯 …………………………………………………………（ 13 ）

1.5 大赛成长过程 ………………………………………………………（ 14 ）

    1.5.1 萌芽阶段 ………………………………………………………（ 14 ）

    1.5.2 发展阶段 ………………………………………………………（ 16 ）

    1.5.3 壮大阶段 ………………………………………………………（ 17 ）

1.6 大赛系列活动 …………………………………………………（18）
　　1.6.1 未来石油工程师论坛 ………………………………（18）
　　1.6.2 石油企业文化展 ……………………………………（18）
　　1.6.3 石油工程知识竞赛 …………………………………（18）
　　1.6.4 院士报告会 …………………………………………（19）
　　1.6.5 图文大赛 ……………………………………………（19）
1.7 参赛事宜 ……………………………………………………（19）
　　1.7.1 参赛对象 ……………………………………………（19）
　　1.7.2 赛题设置 ……………………………………………（19）
　　1.7.3 大赛流程 ……………………………………………（20）
本章小结 ……………………………………………………………（21）

第2章 中国石油工程设计大赛方案设计类作品写作指南

2.1 作品基本要求 ………………………………………………（23）
　　2.1.1 内容要求 ……………………………………………（23）
　　2.1.2 版式要求 ……………………………………………（25）
　　2.1.3 提交要求 ……………………………………………（26）
2.2 赛题基础数据 ………………………………………………（26）
2.3 陆上常规砂岩油藏总体开发方案 …………………………（28）
　　2.3.1 油田情况概述 ………………………………………（28）
　　2.3.2 当前油田开发准备工作概况 ………………………（28）
　　2.3.3 油藏工程设计 ………………………………………（29）
　　2.3.4 钻完井工程设计 ……………………………………（32）
　　2.3.5 采油工程设计 ………………………………………（35）
　　2.3.6 地面工程设计 ………………………………………（38）

2.3.7 开发方案评价与总结 …………………………………（40）
2.4 陆上常规气藏总体开发方案 ……………………………（41）
2.5 海上油田总体开发方案 …………………………………（42）
本章小结 ………………………………………………………（43）

第3章 中国石油工程设计大赛技术创新类作品写作指南

3.1 作品基本要求 ……………………………………………（45）
  3.1.1 内容要求 ………………………………………………（45）
  3.1.2 格式要求 ………………………………………………（46）
  3.1.3 提交要求 ………………………………………………（47）
3.2 申报书的编写 ……………………………………………（48）
  3.2.1 封面 ……………………………………………………（48）
  3.2.2 作品创作历程 …………………………………………（48）
  3.2.3 作品设计、发明的目的、基本思路和主要内容 …（48）
  3.2.4 作品创新点 ……………………………………………（49）
  3.2.5 作品获奖、专利或企业鉴定情况 …………………（50）
  3.2.6 相关附件清单 …………………………………………（50）
  3.2.7 其他说明 ………………………………………………（50）
本章小结 ………………………………………………………（50）

第4章 中国石油工程设计大赛评审办法

4.1 评审流程 …………………………………………………（51）
  4.1.1 有效性认定 ……………………………………………（51）
  4.1.2 分赛区初审 ……………………………………………（55）

4.1.3　大赛总决赛 ……………………………………（63）
　　4.1.4　大赛卓越杯评选 ………………………………（68）
4.2　计分办法 ………………………………………………（68）
　　4.2.1　团队学历系数 …………………………………（68）
　　4.2.2　方案成绩组成 …………………………………（70）
4.3　奖项设置 ………………………………………………（71）
　　4.3.1　团体奖项 ………………………………………（71）
　　4.3.2　单项奖项 ………………………………………（71）
本章小结 ……………………………………………………（73）

第5章　中国石油工程设计大赛卓越杯作品展示

××断块油田总体开发方案设计（第一届）……………（75）
××气田气藏总体开发方案设计（第二届）……………（80）
A区块稠油油藏总体开发方案设计（第三届）…………（88）
沁端区块煤层气总体开发方案设计（第四届）…………（97）
参考文献 …………………………………………………（107）

第 1 章 中国石油工程设计大赛概述

内 容 提 要

中国石油工程设计大赛是石油教育界的品牌活动，旨在搭建石油学子的竞技平台，促进行业教育的发展与进步，从而培养更多优质的行业精英。大赛自创办以来，积极响应国家号召，坚持正确的办赛理念，成功探索出一整套科学的育人模式，获得了业界一致认可。本章将对中国石油工程设计大赛的基本情况、发展历程和参赛事宜进行介绍。

1.1 大赛背景

随着全球经济的快速发展，石油已经成为了世界各国的战略物资之一，其在国家能源体系中的地位和作用也日益凸显。中国自 1993 年就成为了石油净进口国，2013 年的原油对外依存度达到 57.39%，大大超过了国际安全警戒线，而且这一现状还在加剧，给我国能源安全和经济发展带来了严峻挑战。中共十八大后，习近平总书记提出了"两个一百年"的奋斗目标，这一目标的实现离不开我国各行各业的平稳发展。而对于石油行业，如何在最大限度内开

发有限的资源并加以利用,成为了未来发展的重要任务。石油的开发是一项投资大、周期长、工序复杂的系统工程,需要大量人力物力的投入,也存在着诸多不确定性的因素,因此,要实现石油产业与经济发展的协调,就要依托技术和工艺的创新,而这一切最根本的落脚点是培育高精尖的石油人才。

2010年,国家颁布《国家中长期教育改革和发展规划纲要(2010—2020年)》,要求"树立全面发展观念,努力造就德智体美全面发展的高素质人才。树立人人成才观念,面向全体学生,促进学生成长成才。树立多样化人才观念,尊重个人选择,鼓励个性发展,不拘一格培养人才。树立终身学习观念,为持续发展奠定基础。树立系统培养观念,推进大中小学有机衔接,教学、科研、实践紧密结合,学校、社会密切配合,加强学校之间、校企之间、学校与科研机构之间合作以及中外合作等多种联合培养方式,形成体系开放、机制灵活、渠道互通、选择多样的人才培养体制。"文件也要求创新人才培养模式,"注重学思结合。倡导启发式、探究式、讨论式、参与式教学,帮助学生学会学习","注重知行统一。坚持教育教学与生产劳动、社会实践相结合。"同年颁布的《国家中长期人才发展规划纲要(2010—2020年)》对人才发展也提出了指导方针:服务发展、人才优先、以用为本、创新机制、高端引领、整体开发。为了贯彻执行两份文件的相关要求,教育部于同年6月实施"卓越工程师教育培养计划",旨在培养造就一大批创新能力强、适应经济社会发展需要的高质量各类型工程技术人才,为国家走新型工业化发展道路、建设创新型国家和人才强国战略服务。这一计划的实施是我国教育改革的重要内容,也是促进我国由工程教育大国迈向工程教育强国的重大举措。

1.2 大赛理念

为落实教育部"卓越工程师教育培养计划",中国石油工程设计大赛组委会依据行业特色,孕育出了一套以"学习、竞赛、研究"三位一体的育人理念,可总结为以下两点。

1.2.1 理论与实践是人才的必备能力

理论知识是揭示自然界和社会普遍运行规律的一般性、系统性的知识体系,实践则是推动社会发现进步的根本动力;实践是真理性的理论知识的源泉,理论知识是实践进一步发展的先导,二者相互促进,相互发展,缺一不可。作为带动社会发展的"人才",应当具备理论与实践的双重能力,才能促进人类社会更好地进步。

根据《国家中长期人才发展规划纲要(2010—2020年)》的定义,人才是指具有一定的理论知识或专业技能,进行创造性劳动并对社会做出贡献的人。因此,理论储备是人才的基础,更是成为高技术人才的必备条件。对于石油行业,在实际生产中,越来越多的技术难题成为了影响行业进步最直接的阻力,解决这些难题的根本都要从基础理论出发,以创新意识寻求突破口,为石油可持续性开发奠定基础。

此外,除了基础理论的储备,应用能力也是在实际生产中非常重要的内容。"实践是检验真理的唯一标准",这不仅仅应用于国家和社会的发展,在科研和工业生产中同样如此。

1.2.2 人文素养是人才的竞争软实力

信仰是心灵的产物,是引导一代代人奉献青春、热血乃至生命的动力源泉。在石油行业中,正是有了对于行业的信仰,才衍生出了石油情怀,从而诞生了一个个石油梦想。从最初的大庆铁人王进

喜,到新时期铁人王启民,一代代的石油人树立起了行业的丰碑。而新形势下,越来越多的青年石油学子缺乏了信仰教育和理想养成教育,尚未形成正确的"石油价值观"。面临迅速发展和变化的世界格局和社会形势,石油行业艰苦的工作环境、乏味的工作内容以及单调的工作形式都对人才软实力提出了新的要求。因此,提升青年石油学子的人文素养也成为了人才培育中的重要内容。

中国石油工程设计大赛正是在以上时代背景和行业特色的基础上产生的学术竞赛,坚持"必备能力和软实力"同步增强的理念,旨在为广大石油学子提供实践、创新、交流的舞台,通过竞赛推进研究工作的深入发展,达到"学、赛、研"三者相互促进和相互补充,从而锻炼和提升学生的整体素质和综合运用专业知识的能力,培养适应社会发展需要的科技创新型、工程实践型和团队协作型的卓越石油工程师。

1.3 大赛意义

1.3.1 创新育人模式

中国石油工程设计大赛以实施卓越工程师计划为契机,以适应石油行业发展需求为导向,以提高学生培养质量为目标,为实现我国石油教育发展水平与服务支撑能力的全面提升构建全新的育人模式。同时,组委会努力把大赛打造成在社会中有影响力,被国内外高校和企业广泛认可,能切实提高学生实践创新水平与就业能力,为石油行业技术创新起到推动作用的品牌赛事。经过多年发展,大赛创新的育人模式可概括为几个特性:开放性、前瞻性、多样性、主体性、文化性。

▶ 开放性

中国石油工程设计大赛立足于石油精英学子的培养,吸纳了来自全国20余所高校的积极参与。这其中包括国内石油行业特色鲜明的高校和科研院所,也涵盖了来自五大洲的国际学生。正是通过大赛这一平台,让不同学历、不同地域、不同文化背景下的"未来石油人"相互交流,进行思维上的碰撞,产生出思想和学术上的火花。

▶ 前瞻性

作为以学生为主体的学术性赛事,中国石油工程设计大赛的核心就是赛题的选取与设置。为了更加符合大赛的时代性和应用性,大赛命题方向紧随国家重大能源战略需求,历届赛题数据均取自油(气)田现场,经过专家教授的"加工"后,供参赛学生完成作品。

除了让参赛学生完成作品创作,大赛还在总决赛期间设置安排了前沿科技报告会,邀请中国科学院、中国工程院的院士与学生面对面交流,分析最新油田开发技术,解答学生在科研和学习中的疑难问题。这一系列的活动不仅为学生提供了展示方案设计才华的舞台,也为学生创造了与学术巨人交流学习的机会。

▶ 多样性

在探索中前行,在总结中进步,每一届大赛的举办总会让参赛学生有着耳目一新的感觉。大赛在发展中逐渐摸索出了一整套的组织模式,形成了丰富多彩的活动,总结其特点可以概括为国际、学术、交流、合作。

首先,大赛的系列活动均有来自国外的专家和学生参加,国际化的元素充斥在活动的每一个角落;其次,大赛的总决赛答辩、论文宣讲、知识竞赛等则是从学术的角度,分析实际生产中的问题,创造了理论与实践结合的校内环境;同时,文化之夜、各类座谈会则是给参赛学生提供了大量的交流机会,开阔了眼界,丰富了智慧;合作则主要体现在大赛邀请十余家国内外石油企业开展企业文化展,为企业与学生搭建面对面交流的平台,增进了学校与企业的

互信，为学生创造了更多的就业机遇。

▶ 主体性

90后学生已经成为了高校在校生的主力，他们热情积极，思维活跃，是未来时代的生力军。为了充分发挥学生的力量，大赛组委会成立了石油工程设计协会，其成员均由在校生组成，负责了大赛的各项基础工作，包括会务组织、团队接待、作品收集和文字材料起草等。在首届大赛中，2011年全球SPE主席对中国学生的工作能力给予"Excellent"的高度评价。随着大赛的举办，一批又一批的学子得到了历练，在发挥自身主观能动性的同时，拓展了成长空间，为走入社会提前练就了本领。

▶ 文化性

文化是一种认同感，是行动的潜在动力。自我国石油工业发展壮大以来，我们的民族有了"大庆精神"、"铁人精神"，进入新时代，虽然工作环境和科研条件飞速发展，但是石油文化的培养依然是石油教育中的重要内容。中国石油工程设计大赛的作品创作和组织筹办本身就是一项需要付出长期努力的工作，在这个过程中学生的毅力得到了磨练，也更能够体会到石油精神的真谛，从某种意义上也是对于石油精神的传承与弘扬。通过大赛，他们心中响起了"我为祖国献石油"的旋律，立志"学石油、爱石油、献身石油"，做"有情有义有担当"的石油人，谱写属于自己的"石油梦想"。

1.3.2 搭建育人平台

1.3.2.1 基于多方协同，构筑政府—企业—高校合作平台

政企合作是发挥政府的主导作用，利用企业的自身优势实现社会资源利用的最大化；校企合作则是利用学校与产业、科研等单位在人才培养方面各自的优势，把以课堂传授间接知识为主的教育环

境与直接获取实际经验和能力为主的生产现场环境有机结合起来。政企合作是调动资源的有效途径，校企合作则有利于降低教育成本，将企业作为中间的纽带，搭建政府—企业—高校的三方协同平台，有利于提高社会工作效率，实现人才保质保量的培养，也实现多方的互利共赢。

组织模式形成机制。设计大赛由教育部学位与研究生教育发展中心、世界石油大会中国国家委员会、中国石油学会和中国石油教育学会联合主办，中国石油大学（北京）承办，各石油企业赞助，各石油高校和科研院所参与的学术类比赛。这种组织模式实现了政府机构与石油组织和企业在学生活动中的首次联合，增强了双方合作的广度和深度，对于增进了解、实现协同具有重要意义。同时，设计大赛也让所有的石油高校和科研单位集体汇聚，挖掘各方的优势，实现优势互补。

校企合作全面展开。中国石油大学（北京）作为设计大赛的承办单位，负责前期工作，包括赛题的命制、活动的规划和总决赛的筹备等。在过去的四届大赛中，赛题基础数据均由国内石油企业提供；大赛的活动经费由企业赞助。在总决赛中，各石油企业均会安排专家参与其中，各石油公司主要负责领导也会为获奖学生颁奖。这一系列的双方互动，增进了互信，让高校了解了企业需求的人才类型，从而优化育人理念；另一方面也让企业深入校园，提高了企业在校园的知名度，实现了双赢。

参赛学生直接受益。石油企业的发展离不开人才的供给，而人才的培养则离不开高校的努力。大赛成为了高校育人质量的"试金石"，也成为了育人目标的"领航灯"。学生通过参与大赛，提升了个人的专业知识应用能力、创新能力、文字应用能力等，更加符合企业的实际需求，也实现了科技创新、实践育人的双重结合。同

时，大赛结束后，组委会会制作获奖学生的信息库，并发送至各石油公司的人事单位作为人才储备，为优秀学生搭建就业"绿色通道"，实现了大赛发展与"订单式"人才培养的结合。

1.3.2.2 借用行业成果，创造公平、权威、公开的竞技平台

在油气田开发领域，不同的区块有着不同的储层物性和流体物性，在实际开发过程中，也面临着各类复杂多变而又难以预料的技术难题。世界石油工业经过一个多世纪的发展，已经积淀了丰富的理论知识和现场技术经验。对于中国石油的发展，成果不仅体现在产量的提升、技术的进步，更重要的是产生了一大批的行业拔尖人才。正是基于石油行业的全面发展成果，大赛创新了人才的竞技平台。

第一点体现在参赛的公平性。大赛赛题的基础数据取自油田现场，在进行"加工"后，以中英文形式在全球发布。参赛学生需要在所学专业知识的基础上，针对赛题完成开发方案。赛题的唯一性保证了所有参赛学生能够从同一起点，在相同的时间内完成参赛作品。在评审环节，所有作品均会被匿名处理，其最终成绩也会在评委打分的基础上乘以相应的学历系数，以消除不同学历在知识储备上的差异。

第二点体现在评审的权威性。在大赛总决赛评审中，组委会邀请来自国内外石油企业专家、高校教授等"重量级"人物担任评委，对学生的作品进行专业权威的"检阅"，并给出客观的评价。这种模式保证了评审的客观公正性，也实现了"学术权威"的指导效果。

第三点体现在结果的透明性。大赛在整个举办周期中，所有可公开信息都会在大赛官网上予以发布，评审信息、获奖信息和重要通知均可在网站查询，让大赛的各项事务公开透明，也让参赛学生充分信任大赛，肯定大赛。

总之，大赛依托现有的科研和人才成果，在传统的竞技平台基础上，创新了固有模式，为参赛学生提升了竞技平台的层次。

1.3.2.3 借鉴文化精髓，打造集"传递、撞击、融合"于一体的德育平台

社会学认为，只有文化的东西才是最珍贵、最稳定、最久远的东西，维系着一个民族的生存和发展。石油工业经过长期的发展，也形成了独具特色的文化积淀。这种文化产生于生产实践，来源于石油工作者，历经传承与创新，成为了提升石油工业软实力的基石、联系石油企业与高校的纽带以及培育综合石油人才的重要内容。全方位发展的"卓越"人才除了具备扎实的专业知识和科研能力外，还应该具备一定的石油信仰和文化底蕴。大赛以此为目标，通过系列活动向参赛学生灌输石油文化，引导学生"学石油，爱石油"。

文化传递。石油工作者既是文化的创造者，也是传递者。行业精英往往同时具备极强的科研实力和深厚的文化底蕴，将其作为石油文化传播的载体具有事半功倍的效果。大赛在举办期间，邀请石油企业和高校的院士、专家与青年学子直接对话，在交流前沿科技的同时，也传递了石油文化，提升了石油学子的人文素养。

文化碰撞。大赛在总决赛期间，邀请了来自五大洲的数十所石油高校的参赛学生，并设置了大量的文化交流活动，包括饮食、风俗、体育、知识竞赛等。不同国家、不同地区、不同高校间的文化在相互对比和交融中，就会碰撞出"火花"，从而就有可能孕育出新的文化形式。

文化融合。文化是生产力发展的产物，任何具备生产力的组织或团体在经过一定时间的发展后都能够形成自身的独特文化。石油高校和石油企业虽性质不同，但都"因油而生"，并且存在人才支

持、资金赞助的相互关系，两者在文化上存在相通之处。大赛基于这一共性，在总决赛举办期间，邀请国内外知名企业走进校园，举办"企业文化展"，在校内进行企业软实力的展示与宣传；同时，开展企业实习生的招募，为参赛学生提供实践平台。这种企业进校园的组织形式加速了校园与企业文化的融合，并让石油行业文化成为了促进双方合作的纽带。

1.4 大赛名称、口号、标识与卓越杯

1.4.1 大赛名称

中国石油工程设计大赛的名称经历了三次变化过程，可将其分为3个阶段：

1.4.1.1 油气田开发设计大赛

2010年，中国石油大学（北京）首次提出了创办"油气田开发设计大赛"的想法，主要是从学科优势与人才队伍建设的角度出发，让石油学子将理论知识与现场需要的油气田开发设计方案进行结合，从而提高学生经过培养后的社会满意度。为此，中国石油大学（北京）专门成立了油气田开发设计协会对该项赛事进行组织筹备。原石油工业部部长王涛在得知此事后，提议将赛事涵盖内容纵向拓展，用"石油工程"来代替。因此，经过筹备团队的认真考虑和领导审批，将大赛定名为"全国石油工程设计大赛"。

1.4.1.2 全国石油工程设计大赛

2011年3月，大赛筹备团队经过十余次的汇报，获得世界石油大会中国国家委员会、中国石油学会、中国石油教育学会的充分认可，并发放了授权书，向全国石油高校发布了举办"全国石油工程设计大赛"的通知。首届大赛的成功举办让这一名称在石油教育界内广泛流传，大赛的知名度也日渐提升，越来越多的石油高校和科

研单位参与到大赛中来,并且已经开始走出国门,吸引了大量国际石油学子参与其中。同时,教育部学位与研究生教育发展中心在观摩了大赛后,认为赛事的举办一方面促进了人才质量的提升,另一方面也对创新人才培育模式起到了示范作用,因此,决定将大赛纳入到"全国研究生创新实践系列活动"中,这也成为了大赛发展历程中的里程碑。2011—2014年的四届大赛均以"全国石油工程设计大赛"命名,并将英文名称定为"National Petroleum Engineering Design Competition"。

1.4.1.3 中国石油工程设计大赛

2014年5月,在第四届全国石油工程设计大赛结束后,教育部学位与研究生教育发展中心主任王立生认为,大赛经过多年发展,愈发成熟,已经成为了具有中国标签的学术类竞赛,原有的名称已经不能够充分体现出大赛在国内的影响力和显著地位,因此,建议将大赛名称更改为"中国石油工程设计大赛"。这一建议得到了大赛组委会的高度重视,并进行了内部讨论与协商,最终,决定接受建议,于2014年11月正式将大赛更名为"中国石油工程设计大赛"。

1.4.2 大赛口号

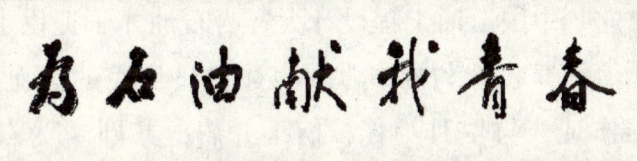

"安身石油战线,报效祖国母亲,
走遍海角天涯,为石油献我青春!"

1982年,著名散文作家、小说家魏巍为江汉石油学院第一届大学生毕业典礼写了题为《希望你们丝毫不逊色于前一代的青年》的

长信。信中，魏巍满怀豪情地创作了这首小诗，表达了自己对即将投身祖国石油战线青年的美好祝福。从此，这首小诗成为了青年一代"学石油，爱石油，献身石油"的动力源泉。

石油，一直以来被誉为"黑色的金子，工业的血液"，以其不可替代性推动着整个人类社会的进步与发展。对中国而言，石油的成功开采和产量的不断提高，让曾经荒僻的北都南国一夜之间响彻在祖国的上空，让中华民族屹立于世界之林。一代代的青年人"胸怀天下干石油，心中时刻有祖国"，用自己的青春在高耸的井架上宣泄着自己的人生，谱写着"我为祖国献石油"的壮丽篇章。

原石油工业部部长王涛曾说："石油，对于一个搞油的人来说是理想，是追求，几乎是生命的全部。那黑色的液体就像血管里的血液，是力量的源泉，没有她流淌，生命也许会枯竭！"作为新时代的石油人，我们有的是"激起千层波浪"的凌云壮志，是"飞入九霄云端"的满怀豪情；我们青春的生命在石油中成长，生命的青春在石油中驻扎。

当昔日的"天山鹅毛雪"依旧在飘摇，当原有的"戈壁大风沙"仍然在肆虐，我们取而代之的是飞速发展的科技水平。我们更多的年轻人可以远离艰苦条件，在舒适的环境中完成向祖国奉献石油的人生志向。中国石油工程设计大赛为石油才子提供了展示才华的舞台，让他们奏起胜利的凯歌，表述自己满腔的热血。在这里，我们让青春作证，与岁月为伴，携手并肩，共同"为石油献我青春"！

1.4.3 大赛标识

中国石油工程设计大赛标识主体为石油开采中最经常见到的抽油机（又名磕头机），以线条的组合展现了油田工作的场景；在抽油机的底部，又以曲线代表辽阔的油田，意味着石油行业的勃勃生机。标识中的"CPEDC"是中国石油工程设计大赛的英文简称，"2010"则意味着大赛是由2010年开始筹备，赋予了一定的文化积淀和内涵。标识外圈则是大赛中英文的全称。

中国石油工程设计大赛标识

整个标识采用圆形设计，庄重大气，而又特色鲜明，充分展现出了中国石油工程设计大赛的基本特征；标识以红色、白色为主色调，如一轮红日从东方升起，喻示着石油行业的前景一片光明，更意味着在大赛的助推下，石油行业能够得到更好的发展与进步。

1.4.4 卓越杯

卓越杯是中国石油工程设计大赛的冠军奖杯。它全身为金色，寓意着石油是黑色的金子，也象征着每届冠军团队如金子般光亮的无上荣耀。奖杯最上面是地球，它彰显了石油工程设计大赛的国际化，也昭示着设计大赛为世界能源事业进步和促进人类美好家园的建设做出的贡献。奖杯中间有五根紧密围绕的弯曲立柱，它们共同举起地球，象征着五大洲的石油人才团结在一起为世界石油工业发展而奋斗。奖杯下面的法兰盘镌刻着每一届大赛获奖团队的信息，这些信息会随着大赛的逐年举办而不断累加，阐释了石油人才的前赴后继。

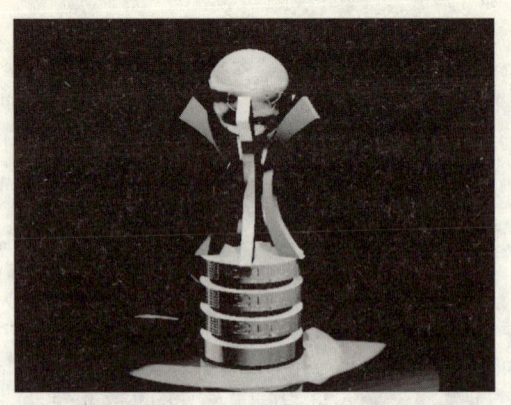

中国石油工程设计大赛卓越杯（见封面）

作为大赛的最高荣誉奖杯，卓越杯将由大赛组委会保存，每届获奖团队信息都会镌刻在上面，用以大赛成果的流传和石油精神的传递。

1.5 大赛成长过程

中国石油工程大赛历经四年发展，收获了政府、企业、高校等的高度肯定与评价。其发展历程可概括为以下几个阶段。

1.5.1 萌芽阶段

2001年，中国石油大学（北京）石油工程学院教师梁永图在教学中感受到，石油与天然气工程学科作为一个内容广、整体性强、实践要求高的综合性工科学科，主要任务是进行油气田总体开发方案的设计和实施，如果只考虑其中一部分或某部分进行研究、决策，不会达到最优的效果，而应该将油气田开发建设过程当成一整套系统，综合考虑、全盘优化，实现效益的最大化。然而仅靠课堂上的教授，很难培养学生"油气田开发地面地下一体化"思维。

2008年，梁永图担任中国石油大学（北京）石油工程学院党委副书记，在长时间接触学生工作后，发现很多学科都有结合专业特色的各类比赛，唯独没有针对石油工程专业的高规格赛事，这也导致石油工程类的学生每年花费大量的时间和精力参加其他专业的竞争，没有将自己所学的知识充分展现出来；而石油工程作为一门涉及内容广、应用价值大、实践要求高的综合性工科专业，仅靠课堂中的学习，很难达到高校培养人才的目标，也满足不了企业的相关用人要求。正是基于以上的思考，梁永图大胆设想，要将整个油气田开发的产业链嫁接到课堂教学中，并以开发方案的设计实现对学生综合能力的考察，提升学生的知识运用能力、创新实践能力和团队协作能力。2009 年，这一想法得到了校院两级领导的认可，学校领导和各职能部门给予了大力指导和帮助，石油工程学院则将筹办"油气田开发方案设计竞赛"作为学院的重要工作。

2010 年 6 月，教育部启动"卓越工程师教育培养计划"，指明了中国高校教育发展的方向，也让梁永图的想法得到了国家层面的契合与认可。随后，经过 2 年的调研，100 余次讨论会，20 万字的过程记录和总结，汇聚成了 1 份 5000 字的实施方案；4 个设计方向，20 余本专业书籍，8Gb 的油田开发原始数据，最终得到了 10Mb 的赛题数据需求和设计要求。至此，大赛发展的基础性工作完成，并为大赛的名称、主办单位、参赛高校和组织委员会的确定打下了坚实的基础。

大赛的名称最初定为"油气田开发设计大赛"，王涛老部长获知此事后，建议将名称改为"全国石油工程设计大赛"；大赛的方案刚开始没有得到三大石油学会的认可，经过 10 余次的汇报和修改后，终于拿到授权书。2011 年初，在中国石油大学（北京）石油工程学院领导班子同油田进行长期的沟通协调后，大赛选取了某油田区块的生产数据作为大赛赛题的数据母体，并经过专家的修订和完善后，形成了赛题数据包。

在此期间，大赛组委会在中国石油大学（北京）校内招募了200余名志愿者，负责接待、会务、宣传等各项工作。当志愿者们穿着黄色的服装，遍布在学校的每个角落时，来自全国16所石油高校和科研院所的石油学子怀揣梦想，走进了这片已经准备就绪的"最终角斗场"。

2天，8场活动，所有工作人员用汗水与心血交上了一份完美的答卷，得到了参赛学生、老师和领导们的"大拇指"。在大赛圆满落幕后，国内多家权威新闻媒体对赛事活动进行了详细报道，引起了石油教育的全新革命。

1.5.2 发展阶段

当全国各石油媒体和各石油类高校争相报道首届全国石油工程设计大赛的成功举办之际，大赛组委会并没有停止前进的脚步，而是迅速地收集各参赛高校反馈的意见和建议，并安排专人负责对大赛进行全方位的总结。经过长达6个月的努力，大赛组委会对原有的实施方案和组织模式进行了全新调整，于2011年12月举办了第二届全国石油工程设计大赛启动仪式，并出版了《首届全国石油工程设计大赛优秀作品集》，标志着新一轮的大赛周期正式拉开大幕。

相比于首届大赛的白手起家，第二届大赛更加成熟，有了更多的经验可供借鉴，在经费上也获得了更多的支持。同时，以在校生为主体的首届石油工程设计协会正式成立，协助组委会落实各项工作，并邀请中国科学院院士贾承造担任总顾问。

严密的组织，顺畅的沟通，让第二届大赛的筹备工作更加规范化、科学化，赛题的设置和作品的评审也都呈现出了长足的进步。除此之外，本届大赛将"未来石油工程师论坛"融入大赛的系列活动中，真正将大赛打造成了石油界的学术盛会。2012年5月18日—5月20日，第二届大赛在北京成功举办，参赛高校增至23所，报名人数翻倍增长，国际面孔首次出现在大赛。时任中国石油天然气集团公司总经理周吉平、中国海洋石油总公司总经理杨华、中国石油化工集团公司高级副总裁王志刚也亲临颁奖大会现场，这成为了大赛发展历程中历史性的一刻。

2013年5月17日—5月19日，第三届全国石油工程设计大赛划上了圆满的句号。这届大赛在多个方面进行了创新：成功加入教育部学位与研究生教育发展中心创办的全国研究生创新实践系列活动，作品形式增设技术创新类，赛题选择了贴近学术前沿的稠油油藏，总决赛答辩增设国际组……这一系列的创新都为大赛发展注入了全新活力。

1.5.3 壮大阶段

2014年5月，第四届大赛圆满落幕。本届大赛根据新的形势做出了全面调整。大赛选取煤层气生产数据作为赛题，是对人类能源事业发展趋势的前瞻，更是积极响应国家号召的最直接体现；大赛发挥网络优势，开发了网络报名评审系统，实现全面无纸化操作，简化了参赛形式，体现了节俭办大赛的宗旨；大赛对系列活动进行了综合考量和调整，首次加入国际钻井平台设计大赛，近20场活动有条不紊地将参赛学生带进了学术的海洋。除此之外，本届大赛还将最高荣誉"卓越杯"的悬念保留到了最后一刻，由贾承造院士当场宣读评委们的投票，从而揭晓最终的结果。

四载春秋，四年辉煌。大赛从最初的为"正名"奔波，到如今的"竞相"参加，已经成为了行业的品牌学术竞赛，并引发了育人模式的新一轮改革。在未来的发展中，大赛将继续吸引更多的石油学子加入进来，并在国际化的进程中迈出更加坚实的步伐，早日成为国内外顶尖的石油学术活动。

1.6 大赛系列活动

1.6.1 未来石油工程师论坛

未来石油工程师论坛系列活动是 SPE（Society of Petroleum Engineers）中国石油大学（北京）学生分会举办的最为盛大的学术文化交流活动。经过四年的发展，论坛从最开始不足 10 所院校回复邀请，发展到第四届 15 所国外高校，106 名本科生、研究生荟萃一堂，论坛已经由最初单独的论文收集和评选，扩展到了目前的论文宣讲、"Fueling the Future"高端访谈等多项形式新颖的活动，取得了良好效果。

1.6.2 石油企业文化展

石油企业文化展伊始，就是为指导和帮助石油学子的就业和职业规划，为学校、学生和企业三方提供直接交流与合作的机会。展览邀请国内外大中小的石油企业代表展示企业文化，并为参观的同学们提供交流实习的机会。

历经多年发展，石油企业文化展每年都吸引大量来自多所石油高校的学生前来参加。

1.6.3 石油工程知识竞赛

石油工程知识竞赛旨在以石油工程专业的基础知识为依托，搭建全国乃至全球石油学子竞技平台。参赛同学需以扎实的知识功底和良好的语言表达能力展示未来优秀石油工程师的风采，通过问题的测试、抢答等形式，获取相应的分数，从而决出相应的奖项。

比赛过程精彩激烈，一方面充分展示参赛学生的风采，另一方面也能够激发观赛同学的学习热情，达到双方受益的结果。

1.6.4 院士报告会

大赛组委会在总决赛期间邀请中国科学院和中国工程院的院士为参赛学生作报告。受邀院士会结合个人研究方向将当前最新科研成果与学生们交流,并分享科研经历和心得。通过与大师们面对面交流,青年学子收获了知识,收获了成长。

1.6.5 图文大赛

组委会面向全国各石油高校举行图片、视频和文字的征集活动,旨在发掘石油学子中的文艺爱好者,培养学生的石油文化素养,陶冶爱国主义情怀。在作品征集中,参赛学生利用手中的相机、DV 等设备进行图片的采集和视频的录制,包括参赛历程、油田美景等;也可撰写文字,表达对石油的热爱之情。

1.7 参赛事宜

1.7.1 参赛对象

全日制普通(含民办)高校在校专科生、本科生、硕士研究生以及博士研究生。参赛学生需组成 1~4 人的团队,学历构成不限。

1.7.2 赛题设置

1.7.2.1 方案设计类

大赛组委会提供现场油(气)田区块的地质资料,参赛学生参考《油(气)田开发方案总体编制指南》和《中国石油工程设计大赛作品要求》完成油(气)田开发方案的设计,主要包括油(气)藏工程、钻完井工程、采油(气)工程、地面工程和 HSE 与经济评价等部分的设计,赛题设综合组和单项组,每人只限参加一个组别的比赛。

综合组:完成油(气)藏工程、钻完井工程、采油(气)工程、地面工程、HSE、经济评价等一整套油（气）田总体开发方案，由3~4名在校学生组成，指导老师1~4名。

单项组：完成油（气）藏工程、钻完井工程、采油（气）工程和地面工程四项中任一项的设计方案，由1~2名在校学生组成，指导老师1名。

1.7.2.2 技术创新类

选手根据方案设计类赛题的地质资料，对油（气）藏工程、钻完井工程、采油（气）工程、地面工程、HSE、经济评价等过程中涉及到的相关技术工艺进行创新设计，包括软件的编写、工艺的创新、设备或装置的设计等。作品完成后，填写作品申报说明书并附相关的设计图纸、软件程序等。由1~2名在校学生组成，指导教师1名。

1.7.3 大赛流程

1.7.3.1 大赛报名

参赛队员须根据大赛实施方案中的时间要求，在大赛官网注册并登录至大赛网络报名、评审系统填写指导老师以及队员等相关信息进行报名。报名日期截止后，网络系统生成报名信息，组委会公布成功报名名单。

1.7.3.2 赛题发布

大赛组委会通过官方网站和分赛区官方媒介发布方案设计类赛题数据包和技术创新类参考题目。

1.7.3.3 作品提交

各参赛队将已完成的作品（电子版）按要求上传至中国石油工程设计大赛网络报名、评审系统。

1.7.3.4 有效作品认定

大赛组委会根据《中国石油工程设计大赛作品要求》，通过大赛网络报名、评审系统对各分赛区提交的作品进行有效性认定,并在大赛官网公示认定结果。

1.7.3.5 分赛区评审

各分赛区组织评委通过大赛网络报名、评审系统对本赛区有效作品进行评审。

1.7.3.6 总决赛名单公布

大赛组委会在大赛官方网站公布入围全国总决赛的作品名单,同时公布获得全国三等奖、鼓励奖和成功参赛奖的作品名单。

1.7.3.7 全国总决赛

全国总决赛包括现场陈述和评委提问两个环节,由大赛组委会统一安排。现场答辩队伍需准备答辩相关材料,如参赛作品(纸质版)、答辩PPT、获奖感言等。另外总决赛期间,组委会将举办国际石油工程设计大赛、石油工程知识竞赛(国内)、石油工程知识竞赛(国际)、国际博士生学术论坛、企业文化展、中外文化交流、冷餐会、院士报告会、颁奖大会等一系列活动。

本章小结

中国石油工程设计大赛是由教育部学位与研究生教育发展中心、世界石油大会中国国家委员会、中国石油学会和中国石油教育学会联合主办的石油类学术赛事,也是首个纳入到"全国研究生创新实践系列活动"的赛事。大赛得到了中国石油天然气集团公司、中国石油化工集团公司和中国海洋石油总公司等公司的大力支持,也得到了国内外高校和科研院所的一致认可。中国石油工程设计大赛要求参赛学生按照相关要求,通过指导教师和团队成员的密切合作,在赛题的基础上完成油(气)藏工程、钻完井工程、采油(气)工程和地面工程的方案设计,并在此基础上进行生产方式和生产技术的创新；同时，大赛也鼓励参赛学生发明新设备，用以解决实际生产中的问题。

经过四年发展，大赛一方面打造了石油教育界追逐的最高奖项，激发起了石油学子的学习热情；另一方面也提高了参赛学生的工程实践能力、团队协作能力和科技创新能力，培养了一大批具备综合素质的人才。大赛也成功搭建了以专业技能比拼为核心的竞技平台，以校企、校校合作为形式的交流平台，以获奖者信息储备为通道的用人平台，将学生的能力培养、就业发展与校企合作完美结合，成为了多方受益的学术赛事。

第 2 章　中国石油工程设计大赛方案设计类作品写作指南

内容提要

中国石油工程设计大赛方案设计类竞赛分为综合组和单项组 2 个组别，综合组要求参赛学生完成油（气）藏工程、钻完井工程、采油（气）工程、地面工程、HSE、经济评价等一整套油（气）田总体开发方案，单项组只需要完成其中一项的设计方案，参赛作品应达到规范性和可行性。在本章中，我们将对如何完成优秀的方案设计类作品进行详细介绍。

2.1　作品基本要求

2.1.1　内容要求

中国石油工程设计大赛方案设计类作品要求参赛选手基于赛题基础数据，完成目标区块的总体开发方案或油（气）藏工程、钻完井工程、采油（气）工程或地面工程等单项设计方案。参赛作品的内容需满足规范性和可行性两个基本要求。

(1) 规范性。中国石油工程设计大赛为工程设计类竞赛,参赛作品既是参赛学生思维过程及成果的反映,也是一份具有工程意义的设计报告。因此,对作品进行规范性要求,一方面使其满足工程设计类报告的相关规定和标准,体现其工程类设计的特点,另一方面使得作品设计思路、结构及内容更加清晰明了,更鲜明地体现作品特点,利于评审。具体要求如下:

①内容结构的规范性。参赛作品应包括封面、作品简介、目录和作品正文等内容。其中正文内容要求参赛学生以当届大赛公布的行业标准及其他相关行业规范或标准为依托,结合本章2.3节中给出的条目完成,作品内容需要包含相应条目的主干内容。此外,作品当中不得以任何形式出现团队成员姓名、学校、学历、专业年级等相关信息,否则作品被视作无效。

②专业术语及计算论证过程的规范性。作品中专业术语必须符合行业内的规范要求。若使用非公知公用的符号和术语,需对其含义加以说明;若引用外文文献中的专业术语,但尚无合适的相应汉语翻译的,可直接使用原文,或译出后加括号注明原文。作品中涉及的相关设计结果必须给出对应的计算过程或论证过程,要求逻辑严密,论述清晰。

③编写版式的规范性。作品编写版式须符合大赛组委会规定的要求。详情可参阅2.1.2版式要求一节。

(2) 可行性。可行性是工程类设计方案的重要特征,是进行工程设计、决策优化、施工建设等的重要标准。因此,中国石油工程设计大赛作为工程设计类竞赛,大赛作品应满足可行性要求,与实际紧密结合,遵循客观实际,体现实际工程设计的特点,也培养参赛学生"理论联系实际"的意识。具体要求如下:

①设计指标可行性。作品中涉及的相关设计指标应切实可靠。

如油藏工程中的开发指标预测结果应遵循基本的油藏渗流规律与生产规律，钻井过程中的井身结构设计、材料选择等应满足力学要求和实际等。所有的设计结果均应与实际情况相符。

②施工工艺可行性。作品中提出的相关施工工艺应合理可行。各项施工工艺除了应具备充分的理论依据，还应遵循客观实际，例如选择压裂增产开采高渗透油藏、利用注水方式开采超稠油油藏等都是较典型的不合理的设计。

③工程建设可行性。作品中涉及的工程建设方面的内容应充分考虑区块的自然、人文条件，如不能在居民密集处部署井位、设计注水站不能过于远离水源、不能在自然生态保护区内进行施工建设活动等。

④经济效益可行性。设计方案应符合实际物价水平和经济发展规律，具备一定的经济效益，同时也要考虑开发风险，进行风险评估，提出应对对策。

⑤法律法规可行性。作品中所有的设计内容应符合国家相关的法律法规，如工程建设及环境保护方面，若设计海上开发方案，还应根据区块地理位置情况，充分考虑外交事项，必须满足国家主权及与邻国之间相关法律规定等。

2.1.2 版式要求

文件命名方式：团队编号_____参赛类别（单项组 XX 工程/方案设计类综合组）_____团队名称。

纸张采用 A4，页眉采用报告中出现的各章节的名称，黑体，五号，居中；页脚采用页码，Times New Roman，五号，居中。

封面：格式详见上文，团队编号以大赛官方网站获取的编号为准。

目录：标题"目录"，字体：黑体，字号：小三。章标题，字体：宋体，字号：小四。（各级标题间采用 1.5 倍行距，对齐方式：

分散对齐，数字和英文字母选用 Times New Roman 小四号）。

正文：页边距：上 3.0cm，下 3.0cm，左 3.0cm，右 3.0cm；页眉：2.0cm；页脚：2.0cm；字体：正文全部宋体、小四；行距：多倍行距：1.25，段前、段后均为 0，取消网格对齐选项；每章的章标题：黑体，居中，字号：小三，1.5 倍行距，段前为 0，段后 1 行，每章另起一页，插入分节符（不要使用分页符，因为每章的页眉不一样），章序号为阿拉伯数字（如第 1 章，不要使用汉字一、二等）；章中的各级标题：黑体，居左，字号：小四，1.5 倍行距，段前 0.5 行，段后为 0.5。正文中的图、表、附注、公式一律采用阿拉伯数字分章编号。如图 1.2，表 2.3，附注 4.5，式 6.7 等。如"图 1.2"就是指本论文第 1 章的第 2 个图。文中参考文献采用阿拉伯数字根据全文统一编号，如文献［3］，文献［3，4］，文献［6-10］等，在正文中引用时用右上角标标出。附录中的图、表、附注、参考文献、公式另行编号，如图 A1，表 B2，附注 B3，或文献［A3］。

2.1.3 提交要求

需在中国石油工程设计大赛网络报名、评审系统提交电子版作品，按规定时间提交作品，逾期提交无效，具体提交方式关注当届大赛的官方网站通知。此外，为防止网络提交拥堵，将对作品大小做出一定限制，具体文件大小要求依据当届大赛的要求而定，如若大小超出规定大小可将文档中的图片进行压缩处理或对文档进行其他处理直至符合要求方可提交。

2.2 赛题基础数据

中国石油工程设计大赛赛题基础数据来源于现场实际资料，对于陆上常规砂岩油藏而言，总体开发方案的基本结构框图如图 2.1 所示。

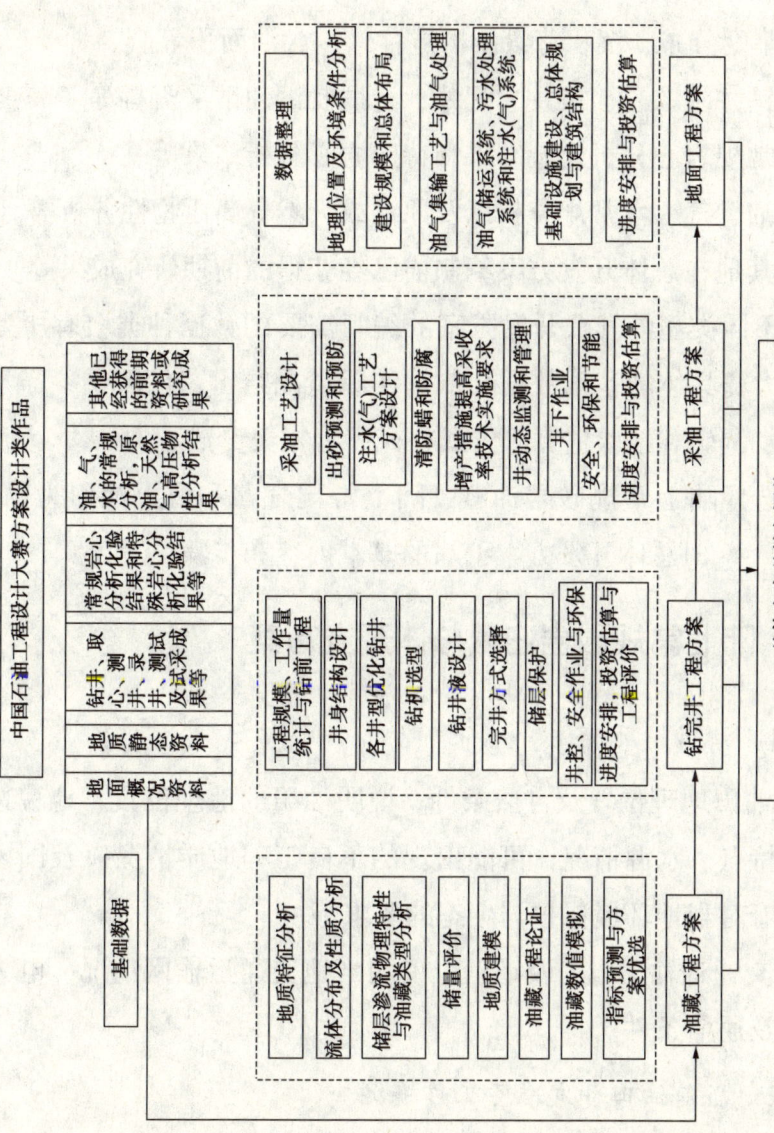

图2.1 中国石油工程设计大赛方案设计类综合组作品内容结构框图——陆上常规砂岩油藏

赛题基础数据主要包括以下几个方面：

（1）地面概况资料，包括区块地理位置、自然环境、人文环境、交通情况等。

（2）地质静态资料，包括构造位置、地层分布、储层分布、储层深度及厚度分布、沉积背景、构造背景、含油面积等。

（3）钻井、取心、录井、测井、测试及试油试采资料等。

（4）常规岩心分析化验结果和特殊岩心分析结果等。

（5）油、气、水常规分析以及原油或天然气高压物性分析等。

（6）其他在总体开发方案编制前已经获得的前期研究成果等。

由于不同类型油气藏开发方案的编写需要的数据种类会有所差异，当届大赛具体的基础数据会依据实际情况给出，也需要参赛学生通过文献调研和经验估算等方式补充完善相关参数。

本章选择陆上常规砂岩油藏、陆上常规气藏和海上油田为例，说明油（气）田总体开发方案编写的基本内容和步骤。

2.3 陆上常规砂岩油藏总体开发方案

2.3.1 油田情况概述

（1）油田地理位置及自然条件。说明油田的地理位置、地貌特征、气候特点、水源情况、可能出现的不良工程地质情况以及国家或地方政府对当地环境保护与生态的要求等。

（2）交通运输、电力及通信。说明当地交通运输网情况、电力供应情况及通信条件。

2.3.2 当前油田开发准备工作概况

（1）油田勘探简史。说明油田勘探简史，其中包括：①油田所处的区域构造位置、工区范围、区域地质背景及油气富集规律；②

油田勘探开始的年份、经历的阶段、重大勘探部署；③发现井产油的时间、油层以及试油工作制度、压力、日产量，并说明探明地质储量等。

（2）油田勘探程度及取得的资料。说明开发准备阶段录取资料是否可以满足工程设计的需要，如钻井及钻井工程情况统计，取心、测井、分析化验、试油、试采等资料统计等，对开发准备阶段录取资料工作，确定是否还需要补充必要的资料及基础实验。

2.3.3　油藏工程设计

（1）构造及断裂特征。描述目标区块的构造及断层特征，并分析断层对流体分布、流体流动的控制作用。

（2）现今地应力和裂缝（针对裂缝发育油藏）。对现今地应力状况进行描述，确定最大主应力和最小主应力方向和大小；对裂缝性质及分布特征进行分析描述。

（3）储层特征。描述油田范围全套地层的地质时代、岩石组合、厚度变化、地层接触关系、古生物、沉积旋回性及标准层等。

综合各方面资料，结合隔层条件、压力系统、油气水系统划分油层层组直到小层。

分析讨论储层岩性、岩石矿物组分、储层厚度分布特征。

分析讨论油层物性特征，如孔隙度、渗透率、含油饱和度等，并对油层非均质性做出评价。

（4）流体分布及物性。确定油（气）水界面及含油气边界，综合分析储层中油、气、水系统纵向分布及平面分布特征。

对原油、天然气以及地层水的物性特征进行分析评价。

（5）储层渗流物理特性。评价油藏岩石润湿性，统计整理确定油藏油水毛管力曲线和油水、油气相对渗透率曲线。

（6）油藏类型。对油藏温压系统、天然能量进行分析，并确定油藏类型。油藏类型命名方法如下：根据油藏地质特征、流体性质及其分布、渗流物理特性、天然能量和驱动类型等多种因素，采用多因素主、次命名法，次要因素在前，主要因素在后，依序排列。

（7）油藏储量评价。根据储量分级结果、区块平面区域范围、储层厚度分布、油藏剖面特征、顶面构造、含油面积、孔隙度、渗透率以及含油（气）饱和度等资料，按层组分区块计算地质储量。计算方法要符合 DZ/T 0217—2005《石油天然气储量计算规范》，同时针对不同的油藏类型要分别参照各类油藏储量计算细则。计算完成后，对储量计算结果的可靠性进行评价，同时，按储层油品、储量丰度、储量大小、储层渗透性等对储量进行分类，并分区块分层对储量做出优先动用、动用时机和动用储量丰度规模大小等综合评价。

估算采收率。采用不同的方法，如经验类比法、岩心分析法、相对渗透率曲线法、相关经验公式法等估算油藏采收率。根据油藏可能选择的驱动类型、开采方式选用不同的采收率估算方法。

估算可采储量。根据油藏可能选择的驱动类型、开采方式确定的采收率和地质储量估算可采储量，并给出估算结果（SY/T 5367—2010《石油可采储量计算方法》）。

（8）地质模型。根据油藏构造、储层、油水系统及油藏类型等特征建立油藏地质模型。地质模型要充分体现层内非均质性的变化，储层、隔层及夹层的纵、横向展布等。

地质建模内容包括地层格架模型、构造格架模型、油藏属性模型和储量拟合。

根据开发要求建立不同规模、不同类型的地质模型（单井模型、二维模型、三维模型等）。

（9）油藏工程论证。主要内容包括阐述油田开发原则、层系划分与组合论证、开发方式论证、单井产能及经济极限产能论证、井网部署及开采速度论证等，同时根据现场测试结果分析开发井的生产和注入能力。

单井产能论证需注意以下几点：

①根据系统试井流入动态曲线选择合理的生产压差，利用探井、评价井试油、试采等资料确定油井产能或米采油指数。按布井范围内可投入开发的厚度计算平均单井日产油量。

②计算油藏单井极限经济产量，对于气顶油藏、底水油藏、气顶底水油藏，须计算临界产量和临界压差，并综合确定油藏的合理生产压差及平均单井日产油量。

③对于低渗透或特低渗透油藏，平均单井日产油量的确定应考虑增产措施的效果。

④利用注入井试注或实际注入井资料，计算米注入指数（没有实际注入资料的油藏可采用类比法或经验法），计算平均注入井的日注入量。

井网部署与开采速度论证需注意以下几点：

①根据不稳定试井及试采资料，结合泄油面积计算并评价油井之间是否有井间干扰及井间干扰程度。

②预测不同井网密度对砂体的控制程度及不同井网注水方式的水驱控制程度。

③研究合理的井距、开采速度和注采关系三者间是否协调，是否达到注采平衡和压力平衡。

④计算不同井距下可能达到的采油速度及其最终采收率，并用经济分析方法加以交汇约束，求得合理井网密度和相应的开采速度。

（10）油藏数值模拟模型建立。选用合适的油藏模拟软件，建

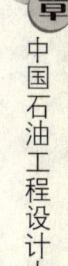

立油藏数值模拟模型，并说明采用网格大小、纵向分层、静态参数及流动参数的赋值依据，并对过程中涉及到的不确定因素进行敏感性分析，根据分析结果提出方案应采用的参数数值，同时完成模型储量拟合及生产动态的历史拟合。

(11) 开发指标预测及方案优选。综合各方面的分析结果，提出若干个候选开发方案，分别说明不同方案的特点。对不同方案开发指标进行预测，包括平均单井日产油量、全油田年产油量、综合含水、最大排液量、年注入量、累计产油量、油田最终采收率等。在此基础上，预测经济指标，经济指标包括投资回收期、内部收益率和净现值等，并分析影响经济指标的各敏感因素，如油田原油储量、产能及开发规模、技术上的风险以及地质不确定因素等。

综合评价各开发方案的技术、经济指标，筛选出 3~5 个较优的开发方案。给出各方案各阶段开发指标和最终采收率，并对优选的几个方案进行排序。报告附有关的指标预测对比图及各方案的井位图，同时提出开发过程中的相关要求。

2.3.4 钻完井工程设计

(1) 钻井工程规模及工作量。根据油田开发方案中的钻井部署和油田建设速度要求，说明该油田开发建设钻井工程总工作量及年度工作量。

(2) 钻前工程。钻前工程应针对油田所在地区的地理环境、自然条件、采用的钻机类型和钻井工艺等方面的特点。

(3) 井身结构方案确定。根据各压力剖面，计算各级套管尺寸及下深，并依据已钻井史，确定井身结构，给出各级套管所要求的钻井液密度；同时，根据油藏要求确定水泥性能、返高及主要外加剂的类型和外加剂的用量。

(4) 各井型优化钻井。对于直井，需针对油田（或区块）地层特点，完成钻头选型、各次开钻的钻井方式和钻具组合、钻井参数优化与水力参数计算、钻井液密度设计等内容，并分区块按设计井深预测出全井平均机械钻速指标、平均钻头进尺、钻井周期以及钻井单位进尺成本等技术经济指标。

当需要进行丛式井钻井技术开发时，应简要说明地面情况和丛式井开发的可行性及做丛式井钻井方案的必要性。并根据方案要求，对丛式井平台进行优化布局规划及丛式井钻井经济效益预测；最后，完成丛式井平台井口布局与井口分配设计。

定向井或水平井井身结构设计可按照直井设计过程进行，但需要说明由于该类井型的井身剖面影响和钻井需要，在井身结构设计上所作的特殊考虑，充分论证后给出推荐的井身剖面类型，并完成定向井技术措施设计（包括井眼轨迹设计、钻具组合设计、轨道控制与测量要求和钻井液体系选择等），最后估算相应的经济指标和综合单位成本。

（5）钻机选型。钻机选择应符合 GB/T 23505—2009《石油钻机和修井机》和 SY/T 5375—1995《旋转钻井设备选用方法》的规定，并依据油田的钻井工程技术方案，按 SY/T 5375—1995 规定的方法，并结合国内现有钻机类型分区块、分井型进行选择。选择的主要内容包括：钻机提升能力、钻台高度、转盘功率及转盘开口直径、钻井泵总功率、动力机台数（总功率）及动力机配置型式。完成选型后，确定所需的各类型钻机的数量。

（6）钻井液。根据区域地质情况、已钻井井史、方案要求以及钻井过程中可能出现的问题等，分区块、分井型选择钻井液体系并做出配方设计，分井段说明所用的钻井液配方、性能要求、材料消耗及费用等，并指明特殊井段及复杂井段所采用的特殊措施及其采用的钻井液材料。

按行业的有关文件规定，说明井场钻井液循环系统及固控设备要求。

（7）完井方式选择。根据地质和油藏工程条件、采油工程对完井的要求、已钻井的完井情况分析，结合国内现行技术成熟的完井方式，并按完井方式选择程序确定完井方式。如有两种以上可选方式时，要对比说明，提出推荐的完井方式。

（8）储层保护。根据分区块、分层位的储层性质，以及通过岩心实验测定储层的常规敏感性，指出储层潜在的伤害因素及伤害程度。同时，从已钻井的储层表皮系数统计分析和对已钻井的钻井完井液的室内评价实验两个方面评价已用的钻井完井液对储层的伤害，并提出防止伤害储层的钻完井液性能优化措施。最后提出打开储层后钻井、完井和试油、采油、增产措施过程中的保护措施和建议。

（9）井控、安全作业与环境保护。根据油田钻井工程方案的有关设计，考虑井的类型、地层压力、井身结构、地层流体性质、环保要求、交通条件等因素，按有关行业标准和文件规定选择井控装置。

油田钻井，特别是高压油田钻井必须根据行业的有关规定和标准，结合油田具体情况做出相应的规定和措施。

根据油田所在地的环境特点，针对钻井影响环境的主要污染来源，按国家和所在地方环保有关规定要求，说明并提出相应环保措施。若在特殊环境中钻井，应做特殊环保可行性研究并提出专项的投资费用。

（10）钻井工程实施进度安排。划分钻井工程实施阶段，按钻井工程项目各实施阶段的工作内容、工作量、动用钻机数量和时间进度安排，编制进度横线图。

（11）钻井成本与工程投资估算。估算钻井成本与工程投资，估算过程中应依据国家、行业的有关方针政策和财务文件规定，以及建设地区的有关规定。当油藏工程方案和采油工程方案不同时（如开发井的井型选择不同，或完井方式、完井套管尺寸不同等），会导致有两个以上的钻井工程方案，应分别估算不同钻井工程方案的投资，最后列出钻井工程投资预算表。

（12）工程方案的评价和建议。对钻井工程方案构成、工程概算、钻井工程技术的可行性、钻井工程经济的可行性等对工程方案进行评价，说明该项工程方案设计中未提及的，但在实际钻井施工中可能遇到的问题，并提出在实施中应采取的相应对策。

推荐参考书：石油工业出版社2014年出版的《钻井设计》。

2.3.5 采油工程设计

（1）完井工艺设计。列出各开发方案的井别及数量：采油井、注水井（或注气井）、水平井、丛式井、多底井、观察井及水源井等；给出各类井的井身结构、完井方式等。

（2）采油工艺设计。对不同类型的井的井口装置、套管头、油管头、采油树等系统装置进行优选，同时，优选油管尺寸，设计采油管柱，进行管柱受力分析，完成射孔参数设计。

根据油井生产能力选择最佳采油方式——自喷采油方式或人工举升采油方式。在停喷后可选的多种人工举升采油方式中，优选最佳方式，并明确其工作要求。

若方案中设计有自喷井，需设计自喷生产管柱，预测不同开发阶段油井自喷期的产量、油井井口压力、井底流压，计算井口温度，并进行停喷预测分析。

人工举升有多种方法，对于有杆泵采油，需进行抽油机、泵以及抽油杆的设计，并选择配套的其他设备；对于无杆泵采油，需对

相应的泵机组类型以及相关参数进行设计选择。在设计人工举升方案时,应进行多种方式的优选,推荐出满足方案配产任务、工作效率高、适应性强、管理方便、经济合理的方案。

(3) 出砂预测和预防。根据相关理论,计算防止出砂的井底压力,根据计算结果,提出预防出砂最大采油压差界限;根据储层岩石力学特性,描述岩石强度的参数,预测出砂指数,判断地层出砂状况,同时,若条件允许,可利用声波时差法等进行地层的出砂预测。最后综合评价油井出砂情况,并给出相应的防砂方案。

(4) 注水(气)工艺方案的设计。注水时,参照不同油藏类型水质标准执行,结合油田实际列出注水水质要求。注气时,按注气开发设计对注入气的气质要求执行。为了防止油管腐蚀,注干气时,要求干度要95%以上,H_2S不高于$20mg/m^3$,CO_2小于0.2%。

说明注水方式,设计注水(注气)管柱,进行注水(或注气)相关参数的估算,包括注水(注气)量、最大许用井底压力、注水(注气)压力预测等,并对工艺设计结果提出评价,结合油田实际提出具体方案。

描述注水井预处理措施,如排液、洗井、注入添加剂、压裂或酸化增注等措施。

(5) 增产措施。根据储层物性、试油、试采动态及产能要求,论证油藏是否需要增产,并讨论各种增产方法的适应性,提出增产措施目的及方向。

油水井压裂方案设计内容包括压裂层位及压裂深度、压裂液体系优选、支撑剂筛选和用量计算、施工参数计算、泵注程序以及压裂工艺管柱结构设计等。

油水井酸化方案设计内容包括酸液及各种添加剂配方筛选和用量计算、酸化方式选择及相应酸化工艺参数的设计、酸化处理的层位和半径、酸化工艺管柱结构设计等。

若选择其他类型的增产方法，需说明方法内容及目的，并对主要的工艺参数进行设计计算。

(6) 清防蜡技术及防腐技术。根据原油析蜡温度及结蜡深度预测对不同清蜡防蜡技术进行评价筛选，提出清防蜡措施及方案。

分析油田的油气水含盐量、酸性气体含量、有害腐蚀菌含量以及它们对油套管腐蚀的影响，确定油井油套管腐蚀的主要原因，提出相应的防腐措施及方法。

(7) 其他工艺。如果需要，可提出其他采油工艺（如堵水调剖工艺等）的要求。

(8) 提高采收率技术实施要点。说明开发后期提高采收率的技术方法和工艺技术实施要点。

(9) 油水井动态管理和监测要求。根据方案设计的需要，提出生产井和注入井的动态管理和监测的方法和需求，并列出监测工作量，如有需要，应编制油田监测系统图并说明是否达到全面监测要求。

(10) 井下作业。根据油田开发建设作业主要设备的选取原则以及油田实际，估算井下作业工作量，选择主要设备。

(11) 安全、环保和节能。选择油井安全装备系统，说明采油、作业和防喷、防火、防爆等措施及规范，施工过程人身安全保障及安全设置，分析主要污染源，对施工安全及污染控制提出相应的要求，同时，对施工人员的职业卫生方面提出相关要求以及应采取的措施。最后对施工生产过程中的能耗进行分析，提出相应的节能措施。

(12) 方案实施跟踪要求。划分采油工程实施阶段，编制油田采油工程方案实施大表，按项目实施各阶段工作内容，安排进度计

划、编制进度横线。

（13）采油工程投资估算。按开发方案要求，计算采油工程按实施开采项目组织总投资估算、大型设备投资、投产费用、增产措施费用等。

2.3.6 地面工程设计

（1）基础数据整理。明确编制依据，对于大赛而言，主要的编制依据为赛题基础数据、已设计完成的油气藏开发方案、钻完井及采油工程方案、需遵循的法律、法规、标准以及相关规定的名称、编号及版本。

整理油田开发数据。包括油田概况、开发基础资料、生产指标预测结果、原油与天然气性质等。

（2）地理位置及环境条件。说明油田和工程地点的地理位置、行政归属、经纬度和平面坐标；列出影响工程投资、工程建设、安全环境保护的自然条件；分析评价工区的地形地貌及工程地质条件、水文条件、气象条件以及社会环境等。

（3）建设规模和总体布局。说明油气储量和开发方案的要点，论述油气的生产、处理、储存和外输能力，污水处理和注水能力以及设计寿命；说明主要工程内容的分期建设计划及产品质量指标。给出总体布局，包括总体方案组成、布局（布站方式、位置、功能和相互间的关系）、总体布局图（或示意图）和立面布置方案以及主要的设备表。

（4）油气集输工艺与油气处理。简述预测的原油、天然气、轻烃等产品的分年度的产量、累计产量和生产年限。

简述原油的储存和集输工艺，提出工艺方案和主要工程量（包括设备和集输管线规模）；简述伴生气处理，提出工艺方案和主要工程量。

根据油气组分特点，选择合理的油气处理设备，提出合理的净化方案。

（5）油气储运系统。说明油库和（或）陆上终端的选址条件、主要功能指标、运作条件、主要工艺流程、平面布置、设施、安全环境保护要求等。

对于原油外输，应根据原油产量、接收能力、接收设施等，进行不同外输方案比较与选择；对于天然气、轻烃及液化气的储运，应根据实际需要分别提出储运方案及方案的主要工程量，绘出储运流程图。

设计油气管道系统。简述线路、站场概况和油气集输各种管道的规格、操作条件与要求，说明管道埋设地的土壤和水的腐蚀性等情况。进行管道设计相关的工艺计算，提出管道的敷设方案以及防腐与保温措施。最后列出主要的工程量、材料的规格及数量。

（6）污水处理。确定合理的污水处理规模及应达到的水质指标，提出污水处理工艺，绘制污水处理工艺流程图，说明处理后污水的利用方案及合理流向。给出推荐方案的主要工程量。

（7）注水系统。说明注水规模、压力和水质等，提出注水水源相关要求，对注水工艺流程进行设计，包括注水井设计（布井方案、井型、注入压力等）、注水流程、注水站址、注水设备及管材选择、注水管网等。列出推荐方案的主要工程量。

（8）基础设施建设。给出相关基础设施的建设要求和方案，如供水系统、排水系统、消防系统、供电系统、供热系统、通信系统、仪表及自控系统和道路系统等。

（9）陆上油田运输总图和建筑结构。运输总图内容包括叙述相关厂、站和基地所在位置的行政名称、相对关系、道路交通状况，基地可依托的社会条件，场、站和基地所占土地范围内需要拆迁的障碍物及民

房数量；说明总平面布置的原则，各厂、站和基地的位置，厂、站的竖向布置方式，管廊带、道路、绿化带走向、位置及宽度，站外道路的长度、宽度和结构，绘制区域布置图和油田总平面布置图。

说明主要建筑物的相关情况以及结构情况。列出主要工程量及工程用地。

（10）安全、环保和节能。选择安全装备系统，说明作业和防火、防爆等措施及规范，施工过程人身安全保障及安全设置，分析主要污染源，对施工安全及污染控制提出相应的要求，同时，对施工人员的职业卫生方面提出相关要求以及应采取的措施。最后对施工生产过程中的能耗进行分析，提出相应的节能措施。

（11）地面工程实施进度安排。划分地面工程实施阶段，按地面工程项目各实施阶段的工作内容、工作量、时间进度安排，编制进度横线图。

（12）地面工程投资估算。估算地面工程建设成本与工程投资，估算过程中应依据国家、行业的有关方针政策和财务文件规定，以及建设地区的有关规定。当有不同的油藏工程方案、钻井工程方案和采油工程方案时（如开发井的井型选择不同，或完井方式、完井套管尺寸不同等），会导致有两个以上的地面工程方案，应分别估算不同地面工程方案的投资，最后列出地面工程投资预算表。

（13）工程方案的评价和建议。对地面工程方案构成、工程概算、工艺技术的可行性、地面工程方案经济的可行性等对工程方案进行评价，说明该项工程方案设计中未提及的，但在实际施工中可能遇到的问题，并提出在实施中应采取的相应对策。

2.3.7 开发方案评价与总结

对油藏工程、钻完井工程、采油工程、地面工程、推荐的各配套方案进行综合评价。对每个环节的推荐方案基本情况进行简要阐述，列出方案的总体指标。

2.4 陆上常规气藏总体开发方案

对于陆上普通砂岩干气气藏，总体开发方案编写所需完成的内容基本与普通砂岩油藏相同。但是应注意气藏与油藏开发的不同之处。具体如下：

（1）流体性质方面，需对天然气化学组分特征进行分析评价。

（2）在储量计算方面，除了计算天然气的地质储量，还应根据已有的数据资料，利用动态法计算天然气动态储量，并计算气井经济储量下限。

（3）开采方式方面，与油藏开发不同的是，对于干气气藏，以天然能量的衰竭式开采为主，辅以地面增压开采或（和）其他人工注采方式。

（4）采气工艺方面，需对气井生产制度进行优化设计，如需增压开采，也应进行相应工艺的优化设计，同时，工艺流程应满足采气特殊问题预防的技术要求，包括防腐、防垢、防止井底沉砂与井壁垮塌、防止水合物形成等。对于需要采取增产措施的井，需针对气藏防水治水方面进行优化设计。

（5）地面工程方面与油藏地面工程差异较大，主要体现在集输方面。天然气集输设计需遵循下列原则：①集气管网的压力应根据气田压力和商品气外输首站的压力的要求综合平衡确定；②根据集气工艺、气田构造形态及地形条件等因素，确定采用的管网形式。

同时，在气液分离、天然气加热、天然气增压、安全泄放、含硫气田的防腐与防护方面进行相应的设计计算和设备选型。天然气管道设计也应遵循相应的设计要求和设计规范。在其他基础设施建

设时，也应考虑天然气开发的特点，根据相关要求，进行针对性的设计。

（6）其他针对气田开发应遵循的设计规范、计算方法及技术要求。

2.5 海上油田总体开发方案

海上油田总体开发方案的编写与陆上油田开发总体上的步骤和内容相似，但是海上油田由于其位置与所处环境的复杂性，决定其在油藏、钻完井、采油工程及地面工程方面的设计与陆上油气田存在较大差异。

在油藏工程设计时，应充分考虑油田所处位置的气象条件、水深等海洋环境条件，设计合理的平台位置与井位部署方案，并给出推荐方案的平台、开发井位布置图以及相关指标预测结果。

在钻完井工程设计时，首先应对平台数、平台编号、平台平面坐标、井数、井槽数、井向距、井槽排列及环境条件的基本情况进行描述和评价。井身结构设计时需加入隔水导管的设计，在其他过程中应充分考虑海洋环境条件，进行正确合理的设计计算。同理，采油工程中在进行有关计算和设计时，也应充分考虑海洋环境这一约束条件。

地面工程建设与陆上油田差异较大，设计内容需注意下列几点。

（1）单点系泊装置的设计。根据所处海域的环境条件、浮式装置大小及功能等条件确定单点系泊型式，并简述其功能、组成、通道、外部接口、防腐要求、作业海况要求及生存海况要求等内容。

（2）海上浮式生产储油装置设计（FPSO）。根据总体性能要求、船模试验、环境条件、油田规模、单点系泊型式，进行结构规范计算，确定浮式装置型式、功能、吨位、主要尺寸及性能参数，并给出总体的布置方案，包括布置原则、平面俯视图、测试图、各层甲板图和船体舱室划分图等。

对装置的结构与系统进行全面描述，包括结构设计、船体结构剖面图、单点系泊装置连接结构图等。应描述储油、外输、加热及惰气系统，压缩空气、海水、柴油及污水处理等系统，以及供电、通信、消防、救生、动力和压载系统等。

选择并确定穿梭油轮的吨位、外输频率及外输方式等。描述装置的正常作业条件、生存条件与应急解脱方案，并提出海上浮式装置的防腐保护要求。

(3) 海上平台结构设计。以固定平台为例，需完成结构模型设计、组块模型建立等，并选择海上安装方法，同时统计钢材质量，编制固定平台结构设计报告等。具体任务内容根据当届大赛的要求而定。

(4) 针对海上施工作业，对健康、安全、环保（HSE）方面提出相关要求。

在开发方案编制的其他方面，也应充分考虑海上油田的特点，完成针对性的设计。

本章小结

中国石油工程设计大赛方案设计类作品遵循现场实际开发方案编写的要求。以上仅列出了陆上常规砂岩油藏、常规砂岩干气气藏以及海上油藏的开发方案编写需遵循的要求和要点，由于篇幅限制，所有类型油气藏的开发不可能在本书中一一列出，但油气藏开发方案的编写基本遵循前文给出的框架结构，选手应根据当届大赛给出的油气藏类型，在遵循基本框架结构，保证规范性和可行性的基础上，根据油藏的特征，针对性地选择合适的开发技术或工艺，完成开发方案的编制。作品须成体系，思维严密，逻辑清晰，论证充分。同时，作为专业类学科竞赛，大赛鼓励参赛学生拓展思维，在基本的要求上提出创新，做到有理有据即可。此外，参赛作品还应当遵循大赛对于版式和提交方面的各项要求。

第 3 章　中国石油工程设计大赛技术创新类作品写作指南

○○ 内 容 提 要

中国石油工程设计大赛技术创新类竞赛要求参赛学生对油（气）田开发过程中涉及的相关技术工艺提出创新性的想法并给出相应的设计结果，作品应具有一定的科学意义、创新型和成果转化价值。在本章中，我们将对如何完成优秀的技术创新类作品进行详细介绍。

3.1　作品基本要求

3.1.1　内容要求

在中国石油工程设计大赛中，能否打破现有市场需求和科学技术供给平衡，形成新的观察分析问题的观点，找准切入点，科学选题，是一个作品成败的关键。综合各方面因素，技术创新类作品基本要求如下。

（1）科学性。科学性是技术创新类作品的基础。它包括技术意

义和技术路线的合理性（即可行性）以及运用理论的正确性三部分。首先，通过作品的研究，要对当今石油行业科学技术产生一定的促进作用，具备一定的技术意义；其次，确定的作品必须是参赛选手力所能及和深有体会并可以进行研究的，具有可行性才有可能取得科研成果；最后，作品的研究要运用正确的理论做指导，有了科学的理论作支持才能保证作品的顺利完成。

（2）创新性。创新性是技术创新类作品的基本要求。它包括先进程度、创新程度和复杂程度三个方面。好的作品要能反映石油行业当今科学技术的发展水平，能代表石油科技领域的发展方向或是处于先进地位。同时作品必然要求有一定程度的创新性，包括理论上的创新、方法上的创新和应用上的创新等。开拓新领域、将一种理论首次应用到实际中或将已经在其他领域得到应用的理论、观点、方法、手段应用到石油行业中来，这些都是创新。作品还要具有一定的复杂程度，保证完成作品所需的工作量，这样才更能体现出作品的科技水平。

（3）现实意义。现实意义是技术创新类作品的根本目的。现实意义包括经济效益、推广价值和成熟程度。具体来说，作品的价值取决于：是否有利于石油工业发展和技术进步；是否符合验证、修正、创新、发展科技理论的需要；是否具有一定的国内、国际市场竞争优势。作品的成果必须具有一定的经济效益和推广价值，并且比较成熟，这样才能为作品脱颖而出奠定基础。

3.1.2 格式要求

参赛作品应包括封面和作品正文等内容。其中正文内容参赛小组结合本章3.2"申报书的编写"一节中给出的条目完成，作品内容需要包含相应项目的主干内容。此外，作品当中不得以任何形式出现团队成员姓名、学校、学历、专业年级等相关信息，否则作品被视作无效。

文件命名方式：团队编号_技术创新类_团队名称

封面：团队编号以竞赛官方网站获取的编号为准。

申报书目录：标题"目录"，字体：黑体，字号：小三。章标题，字体：宋体，字号：小四。（各级标题间采用1.5倍行距，对齐方式：分散对齐，数字和英文字母选用Times New Roman小四号）。

申报书正文：页边距：上3.0cm，下3.0cm，左3.0cm、右3.0cm，页眉：2.0cm，页脚：2.0cm；字体：正文全部宋体、小四；行距：多倍行距：1.25，段前、段后均为0，取消网格对齐选项；每章的章标题：黑体，居中，字号：小三，1.5倍行距，段前为0，段后1行，每章另起一页，插入分节符（不要使用分页符，因为每章的页眉不一样），章序号为阿拉伯数字（如第1章，不要使用汉字一、二等）；章中的各级标题：黑体，居左，字号：小四，1.5倍行距，段前0.5行，段后为0.5。正文中的图、表、附注、公式一律采用阿拉伯数字分章编号。如图1.2，表2.3，附注4.5，式6.7等。如"图1.2"就是指本论文第1章的第2个图。文中参考文献采用阿拉伯数字根据全文统一编号，如文献［3］，文献［3，4］，文献［6-10］等，在正文中引用时用右上角标标出。附录中的图、表、附注、参考文献、公式另行编号，如图A1，表B2，附注B3，或文献［A3］。

3.1.3 提交要求

需在中国石油工程设计大赛网络评审系统提交PDF格式电子版作品以及相应压缩包附件，按规定时间提交作品，逾期提交无效，具体提交方式关注当届大赛的官方网站通知。此外，为防止网络提交拥堵，将对作品大小做出一定限制，具体文件大小要求依据当届大赛的要求而定。

3.2 申报书的编写

作品申报书是技术创新类参赛作品最为主要的呈现方式。参赛选手应认真填写《作品申报书》，准确、完整、简练地表达出作品的主要内容和核心优势，充分展现作品的技术水平与应用价值，取得与该作品水平相当的奖项。

中国石油工程设计大赛技术创新类作品的申报书中，需要参赛者填写的主要包括封面，作品创作历程，作品设计、发明的目的、基本思路和主要内容，作品创新点，作品获奖、专利或企业鉴定情况，相关附件清单以及其他说明几个部分，下面针对这几个部分的编写分别进行分析。

3.2.1 封面

封面的主要作用是为评委提供参赛作品最基本的信息，包括团队编号和作品名称。其中重要的是作品名称。在作品的评审中，评委对作品的第一印象非常重要，而对作品的第一印象一般是来自于作品的名称。

此外，对于封面上的其他各项，填写时要注意按照要求的格式和位置进行填写，保证封面的整洁、美观。

3.2.2 作品创作历程

作品创作历程即团队在作品完成中的调研、合作经历等。在填写该部分内容时，要简明扼要地叙述团队完成作品的全过程。包括国内外文献资料的查阅，作品涉及的相关技术领域的广泛调研，以及团队各个成员的职责分工等。做到创作历程展示清晰明了，真实可信。

3.2.3 作品设计、发明的目的、基本思路和主要内容

作品设计、发明的目的阐述要做到语言准确，立论依据充分，

论证体系完善且条理清晰。重点从作品研究对石油工业的意义，以及同类研究工作国内外石油界研究的现状与存在问题，作品的特色和创新之处以及研究工作的成果及其效益等这些主要因素来论证，阐明作品设计、发明要达到的目的。

作品的基本思路主要包括研究方法和技术路线等内容，是为完成研究内容而设计的研究方案和技术措施，它包括理论分析、试验方法、工作步骤等一整套计划安排。正确的研究方法和技术路线是保证作品研制顺利进行的基本条件之一。这部分填写时要注意做到设计周密、方法科学、路线合理，技术先进可行，措施具体明确，切忌含糊不清、模棱两可。

作品的主要内容主要是对所完成的作品的较详尽的描述，包括作品研发的原理、意义、特点以及创新点等。

3.2.4 作品创新点

作品创新点旨在将作品的创新性、前瞻性以及经济效益直观地反映给评委，是申报书的重要部分。

作品的创新性主要体现在以下方面：

（1）思路上的创新。在研究思路上另辟蹊径，选取一个全新的角度去看待问题，是对作品最重要的创新要求。

（2）内容上的创新。对于石油行业普遍研究的热点问题，从侧面入手研究相关的其他问题。

（3）方法上的创新。解决同样的热点问题，采用独特的方法，是手段上的创新，它是作品应该具备的一个基本条件。

在进行作品创新点的撰写时，要注意根据作品的实际情况，明确地体现出作品在思路、内容和技术手段上的创新，将创新点清晰地罗列出来以易于评委查阅。

3.2.5 作品获奖、专利或企业鉴定情况

这些属于作品的基本信息，根据要求，按照格式如实填写即可。申报作品情况这部分内容的编写一定要注意抓住重点，思路清晰，简明扼要地表达出作品的关键信息，如注明获奖时间、组织单位等。同时一定注意，参赛作品成果必须为当届大赛比赛期间内所取得。

3.2.6 相关附件清单

对于技术创新类作品来说，相关附件清单（当届大赛比赛期间取得）可包括以下内容：

（1）作品图纸。

（2）作品的详细数据、图谱、图表等。

（3）作品相关的程序。

（4）作品的详细使用说明。

3.2.7 其他说明

除了申报书的上述所有内容之外，参赛选手还可以对有利于体现作品价值、科学性、先进性的相关资料进行补充说明，以强化评委对作品的认识和印象，争取作品加分。

本章小结

中国石油工程设计大赛技术创新类作品要求选手根据方案设计类赛题的现场地质资料，对油气藏开发过程中涉及的相关技术工艺进行创新设计，包括软件的编写、工艺的创新、设备或装置的设计等。本章从作品基本要求以及申报书的编写两个方面论述了技术创新类作品的准备过程。主要目的在于让参赛选手在准备技术创新类作品时有所参考，并激发参赛选手对技术创新的兴趣，从而培养学生的实践创新水平和就业能力。

第 4 章　中国石油工程设计大赛评审办法

内容提要

中国石油工程设计大赛作品完成并提交之后，将进入大赛的核心阶段，即大赛作品评审阶段。本章将从中国石油工程设计大赛评审流程、计分办法和奖项设置三个方面系统地介绍大赛的评审办法。

4.1　评审流程

中国石油工程设计大赛作品评审工作程序主要分为三个阶段：作品的有效性认定、分赛区初审和大赛总决赛（图 4.1）。

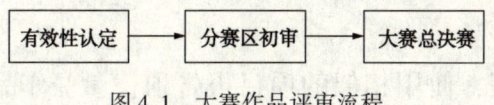

图 4.1　大赛作品评审流程

4.1.1　有效性认定

中国石油工程设计大赛有效性认定工作是指大赛作品截止提交后，由中国石油工程设计大赛组委会秘书处负责组织相关评委依据《中国石油工程设计大赛方案设计类作品要求》和《中国石油工程设计大赛技术创新类作品要求》对参赛作品主要从内容要求、格式规范等方面进行有效性认定，有效性认定的结果为通过与不通过。

通过有效性认定的作品获得进入下一评审环节即分赛区评审阶段的资格，并可获得中国石油工程设计大赛成功参赛奖或以上的奖项；没有通过有效性认定的作品视为无效作品，即不具备获得进入分赛区评审阶段的资格，亦不具备评奖资格。

4.1.1.1　具体安排

认定时间：中国石油工程设计大赛作品提交截止日期后第 1 天至第 3 天。

负责单位：中国石油工程设计大赛组委会秘书处。

评审办法：大赛组委会秘书处对各分赛区提交的作品进行认定，评选出有效作品后，将作品认定意见通过大赛网络评审系统同时反馈给分赛区和参赛团队，并予以公示。

4.1.1.2　评审标准

评审标准是依据本书第 2 章作品写作指南，对参赛作品主要从作品内容原创性、完整性和规范性等三个方面进行有效性认定。

（1）对于方案设计类作品，凡出现下述情形之一者，均判定为不合格作品，不得进入下一阶段评审。

①非原创作品：

- 弄虚作假，使用相似的项目报告顶替参赛作品。
- 雷同作品，即抄袭作品与被抄袭作品。

②不完整作品：

- 作品内容残缺，缺少必须的设计内容或相关的计算过程。
- 综合组作品未完成一整套开发方案的设计，即缺少油（气）

藏工程、钻完井工程、采油（气）工程、地面工程、HSE以及经济评价等五个部分中任一部分的设计。

● 作品内容空洞，如大量堆砌赛题基础数据拼凑作品。

③不规范作品：

● 在大赛组委会秘书处规定的作品提交时间内未能按时提交的作品。

● 作品排版混乱，与作品要求中的格式要求不符，严重影响评委审阅。

● 作品当中出现个人信息，如团队成员姓名、指导老师姓名等。

● 若提交的作品或附件无法正常打开，大赛组委会秘书处将第一时间发送邮件或站内信，提醒重新提交作品，若自发送邮件或站内信24小时内作品未被重新提交，则按不合格作品处理。

● 其他不符合大赛规定的作品。

（2）对于技术创新类作品，凡出现下述情形之一者，均判定为不合格作品，不得进入下一阶段评审：

①非原创作品：

● 弄虚作假，使用相似的项目报告顶替参赛作品。

● 雷同作品，即抄袭作品与被抄袭作品。

②不完整作品：

● 作品内容残缺，缺少必须的设计内容或相关的计算过程。

● 作品内容空洞，如大量堆砌赛题基础数据拼凑作品。

● 作品内容不满足大赛主题内容，如在第四届大赛中提交非煤层气领域的相关作品。

● 作品内容陈旧俗套，缺少具有代表意义的创新性。

● 作品缺少必备的附件材料，如模型效果图、软件执行程序等。

③不规范作品：

• 在大赛组委会秘书处规定的作品提交时间内未能按时提交的作品。

• 作品排版混乱，与作品要求中的格式要求不符，严重影响评委审阅。

• 作品当中出现个人信息，如团队成员姓名、指导老师姓名等。

• 若提交的作品或附件无法正常打开，大赛组委会秘书处将第一时间发送邮件或站内信，提醒重新提交作品，若自发送邮件或站内信24小时内作品未被重新提交，则按不合格作品处理。

• 其他不符合大赛规定的作品。

4.1.1.3 注意事项

（1）技术创新类作品必须为参赛选手在比赛期间内取得的成果，对于比赛之前申请的专利，即使为本人成果，亦不能用来参加技术创新类比赛。

（2）作品评审阶段，即作品有效性认定、分赛区初审以及全国总决赛均为匿名评审，因此作品当中不得出现与参赛团队成员以及指导老师的任何相关信息，一旦出现，作品即被认定为无效作品。

（3）作品有效性认定结果公示期间，对于已经通过有效性认定的作品，但是发现不符合大赛作品要求的而被认定为有效的作品，例如存在抄袭嫌疑等，可以通过大赛组委会秘书处邮箱进行匿名举报，大赛组委会秘书处将重新对于有异议的作品进行审核，并于分赛区初审之前返回意见。

（4）作品有效性认定结果公示期间，对于没有通过有效性认定的作品，如有异议的，相应参赛团队的队长可通过大赛组委会秘书处邮箱进行申诉复议，大赛组委会秘书处将统一组织评审专家对于有异议的无效作品进行复议，并于分赛区初审之前返回意见。

（5）作品有效性认定结果公示期过后，提出的一切关于作品有效性认定的异议，大赛组委会秘书处一概不予受理。

（6）为保证参赛作品质量，大赛组委会秘书处对各分赛区提交的作品进行认定，选出有效作品，作品总体有效率不超过70%。

（7）通过有效性认定的作品，将获得成功参赛奖或成功参赛奖以上的奖项。

4.1.2 分赛区初审

中国石油工程设计大赛作品分赛区初审工作是在作品有效性认定工作结束之后，由中国石油工程设计大赛组委会秘书处通过中国石油工程设计大赛网络评审系统，将通过有效性认定的作品返回各分赛区，由各分赛区组织评审专家，对本赛区的有效作品进行匿名评审，产生晋级总决赛作品、全国三等奖、全国鼓励奖和成功参赛奖。

4.1.2.1 具体安排

认定时间：中国石油工程设计大赛作品有效性认定公示时间截止后第1天至第15天。

负责单位：大赛各分赛区。

评审办法：各赛区依据《中国石油工程设计大赛分赛区评审标准》完成本赛区的有效作品评审，作品评审包括作品书面审阅和现场答辩两个环节。

作品的书面审阅工作通过中国石油工程设计大赛网络评审系统由评审专家在网上完成，要求方案设计类综合组作品每个部分至少由2名专家评阅并打分，即方案设计类综合组作品至少需要由10名

评审专家评阅并打分，然后取每个部分的平均值按照4.2节中的计分办法进行加权平均得到每份作品的最终分数；要求方案设计类单项组和技术创新类作品至少由2名相关方向的专家评阅并打分，然后取平均值得到每份作品的最终分数。

现场答辩工作是指各分赛区按照中国石油工程设计大赛组委会秘书处分配的晋级总决赛名额以及获奖名额（全国鼓励奖及以上奖项），根据书面审阅的分数按大于获奖名额总数的比例（具体比例各分赛区可自行决定）确定进入现场答辩的作品数量及名单。同样要求方案设计类综合组作品的答辩现场至少有10名评审专家，方案设计类单项组和技术创新类作品的答辩现场至少有2名评审专家。答辩分数的确定方法同作品的书面审阅一致。

最终晋级总决赛的作品以及获奖作品由答辩成绩确定。

评委组成：各分赛区自行组织评审专家。

公示时间：分赛区评审时间截止后第1天至第3天。

4.1.2.2 评审标准

评审标准依据油气田开发方案要求从设计书质量、方案设计实验技能、分析解决问题能力、成果、创新点等5个方面进行评审，针对方案设计类作品制定了油（气）藏工程方案设计、钻完井工程方案设计、采油（气）工程方案设计、地面工程方案设计和HSE与经济评价方案设计等5个评分标准，针对技术创新类作品制定了技术创新类评分标准，见表4.1~表4.6。

表 4.1 油（气）藏工程方案设计评分表

评价内容	具体要求	分 值	得 分
作品编号			
设计书质量	（1）完成赛题所有给定任务，格式规范，思路清晰。 （2）论述充分、详细、严谨，尽量采用专业术语。 （3）图、表清晰明了，符合国家或行业最新标准	A（20~25） B（15~20） C（8~15）	
方案设计实验技能	（1）综合应用油（气）藏知识分析所给资料，能提出并较好地论述（设计）实施方案，包括油（气）田概况、油（气）藏描述及评价、油（气）藏工程设计等。 （2）方案设计合理，计算分析正确，论据充分可信，数学模型建立合理，数据可靠，可操作性强	A（25~35） B（15~25） C（8~15）	
分析解决问题能力	（1）能借助团队力量充分利用大赛基础数据分析解决问题。 （2）遇到有问题数据时，能运用所学知识或借鉴相似油（气）田开发资料，进行合理的修正和完善。 （3）运用身边资料学习新知识解决所遇到问题	A（25~30） B（15~25） C（8~15）	
成果	满足油（气）藏工程基本设计要求，具有一定的可行性和实用价值	0~10	
创新点（附加分）	所设计的方案采用本学科前沿技术，或提出新思路和新方法	0~20	
合计得分			
评语			
评委签字			

表 4.2 钻完井工程方案设计评分表

作品编号			
评价内容	具体要求	分 值	得 分
设计书质量	（1）完成赛题所有给定任务，格式规范，思路清晰。	A（20~25）	
	（2）论述充分、详细、严谨，尽量采用专业术语。	B（15~20）	
	（3）图、表清晰明了，符合国家或行业最新标准	C（8~15）	
方案设计实验技能	（1）合理分析所给资料，能提出并较好地论述（设计）实施方案，包括钻井风险评估、钻井工艺的可行性论证、钻井工艺设计、完井工艺设计等。	A（25~35）	
		B（15~25）	
	（2）方案设计合理，论据充分可信，数学模型建立合理，数据可靠，计算分析正确，可操作性强	C（8~15）	
分析解决问题能力	（1）能借助团队力量充分利用大赛基础数据分析解决问题。	A（25~30）	
	（2）遇到有问题数据时，能运用所学知识或借鉴相似油（气）田钻完井开发资料，进行合理的修正和完善。	B（15~25）	
	（3）运用身边资料学习新知识解决所遇到问题	C（8~15）	
成果	满足钻完井工程基本设计要求，具有一定的可行性和实用价值	0~10	
创新点（附加分）	所设计的方案采用本学科前沿技术，或提出新思路和新方法	0~20	
合计得分			
评语			
评委签字			

表 4.3 采油（气）工程方案设计评分表

作品编号			
评价内容	具体要求	分 值	得 分
设计书质量	（1）完成赛题所有给定任务，格式规范，思路清晰。	A（20~25）	
	（2）论述充分、详细、严谨，尽量采用专业术语。	B（15~20）	
	（3）图、表清晰明了，符合国家或行业最新标准	C（8~15）	
方案设计实验技能	（1）综合应用油（气）田开发知识，分析所给资料，能提出并较好地论述实施方案，主要包括采油（气）方式确定、压裂等增产措施、采油（气）特殊问题治理的技术要求。	A（25~35）	
		B（15~25）	
	（2）方案设计合理，计算分析正确，论据充分可信，数学模型建立合理，数据可靠，可操作性强	C（8~15）	
分析解决问题能力	（1）能借助团队力量充分利用大赛基础数据分析解决问题。	A（25~30）	
	（2）遇到有问题数据时，能运用所学知识或借鉴相似油（气）田开发资料，进行合理的修正和完善。	B（15~25）	
	（3）运用身边资料学习新知识解决所遇到问题。	C（8~15）	
成果	满足采油（气）工程基本设计要求，具有一定的可行性和实用价值	0~10	
创新点（附加分）	所设计的方案采用本学科前沿技术，或提出新思路和新方法	0~20	
合计得分			
评语			
评委签字			

表 4.4 地面工程方案设计评分表

评价内容	具体要求	分 值	得 分
作品编号			
设计书质量	（1）完成赛题所有给定任务，格式规范，思路清晰。	A（20~25）	
	（2）论述充分、详细、严谨，尽量采用专业术语。	B（15~20）	
	（3）图、表清晰明了，符合国家或行业最新标准	C（8~15）	
方案设计实验技能	（1）综合运用已学知识及相关新知识分析赛题，提出方案，并论述实施方案，包括油（气）集输工艺的优化设计，地面工程建设设备的合理选择等。	A（25~35）	
		B（15~25）	
	（2）方案设计合理，计算分析正确、论据充分	C（8~15）	
分析解决问题能力	（1）能借助团队力量充分理解大赛基础数据分析解决问题。	A（25~30）	
	（2）遇到有问题数据时，能运用所学知识或借鉴相似油（气）田开发资料，进行合理的修正和完善。	B（15~25）	
	（3）尽可能运用身边资料学习新知识解决所遇到问题	C（8~15）	
成果	满足地面工程基本设计要求，具有一定的可行性和实用价值	0~10	
创新点（附加分）	所设计的方案采用本学科前沿技术，或提出新思路和新方法	0~20	
合计得分			
评语			
评委签字			

表 4.5　HSE 与经济评价方案设计评分表

评价内容	具体要求	分值	得分
作品编号			
设计书质量	（1）完成赛题所有给定任务，格式规范，思路清晰。	A（20~25）	
	（2）论述充分、详细、严谨，尽量采用专业术语。	B（15~20）	
	（3）图、表清晰明了，符合国家或行业最新标准	C（8~15）	
方案设计实验技能	（1）综合运用已学知识及相关新知识分析赛题，提出方案，并论述实施方案，主要包括：危害因素分析及主要防护技术对策措施、HSE 管理体系建设及应急保障体系建设、总投资估算、主要经济参数及敏感性和抗风险能力分析、经济评价结论及最佳开发方案的确定等。	A（25~35）	
		B（15~25）	
	（2）方案设计合理，论据充分可信，数学模型建立合理，数据可靠，计算分析正确，可操作性强	C（8~15）	
分析解决问题能力	（1）能借助团队力量充分理解大赛基础数据分析解决问题。	A（25~30）	
	（2）遇到有问题数据时，能运用所学知识或借鉴相似油（气）田开发资料，进行合理的修正和完善。	B（15~25）	
	（3）尽可能运用身边资料学习新知识解决所遇到问题	C（8~15）	
成果	满足 HSE 与经济评价基本设计要求，具有一定的可行性和实用价值	0~10	
创新点（附加分）	所设计的方案采用本学科前沿技术，或提出新思路和新方法	0~20	
合计得分			
评语			
评委签字			

表 4.6 技术创新类评分表

作品编号			
评价内容	具体要求	分　值	得分
设计书质量	（1）完成赛题所有给定任务，格式规范，思路清晰。	A（20~25）	
	（2）论述充分、详细、严谨，尽量采用专业术语。	B（15~20）	
	（3）图表清晰明了，符合国家或行业最新标准。		
	（4）软件界面友好，操作简单，占用资源少	C（8~15）	
实验技能	（1）综合应用所学知识，充分理解赛题目标，提出合理的解决思路和方法等。	A（25~35）	
	（2）作品思路清晰明确，设计合理，计算分析正确，论据充分可信，数学模型建立合理，数据可靠，可操作性强	B（15~25）	
		C（8~15）	
分析解决问题能力	（1）能借助团队力量充分利用大赛基础数据分析解决问题。	A（25~30）	
	（2）善于运用所学知识或借鉴相关资料。	B（15~25）	
	（3）运用身边资料学习新知识解决所遇到问题	C（8~15）	
创新点	（1）设计内容具有独创性，且具有一定的实用价值。	0~10	
	（2）思路独特，跳出常规思维寻找解决问题的方式方法。	0~20	
	（3）作品体现出选手运用跨学科知识解决问题的能力	20~25	
合计得分			
评语			
评委签字			

注：

（1）方案设计类单项基本分为100分，附加分为20分，满分120分；技术创新类满分为120分。

（2）A：能够很好地符合要求；B：能够较好地或一般符合要求；C：基本不符合要求。

（3）具体评分标准会根据每届大赛主题作相应调整。

4.1.2.3 注意事项

（1）现场答辩环节是中国石油工程设计大赛作品展示的主要环节，也是评审专家评判作品的一个重要环节，一份作品能否取得优异的成绩并最终晋级总决赛，不仅取决于作品本身质量的好坏，很大程度上也取决于参赛团队现场答辩的展示，因此参赛团队需高度重视现场答辩环节，充分做好演练准备工作。

（2）中国石油工程设计大赛分赛区评审期间，参赛选手可随时登录大赛网络评审系统，查看参赛作品的评审状态，提前为现场答辩做好准备。

（3）分赛区作品初审的组织工作将作为大赛优秀组织奖的重要评判指标。

4.1.3 大赛总决赛

中国石油工程设计大赛总决赛是大赛评审的最后一个环节，入围作品由分赛区初审产生，具体入围名额参照当届大赛实施方案。

4.1.3.1 具体安排

负责单位：中国石油工程设计大赛组委会秘书处。

评审办法：晋级总决赛的团队进行现场答辩，评委依据《中国石油工程设计大赛总决赛评分标准》打分，按照得分产生全国二等奖、一等奖，并从方案设计类综合组一等奖中选出一组作品作为卓越杯。

总决赛地点：由大赛组委会秘书处确定。

评委组成：各石油高校、科研院所及石油企业的院士、教授以及高级工程师等，各会场设评审组长一名（图4.2）。

会场安排：

Ⅰ方案设计类：综合组单独设立会场进行答辩；单项组按照油（气）藏工程、钻完井工程、采油（气）工程和地面工程分设4个

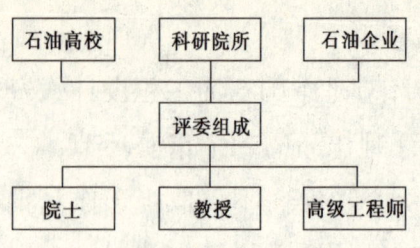

图 4.2 大赛总决赛评委组成

会场进行答辩。

Ⅱ技术创新类：单独设立会场进行答辩。

Ⅲ国际组：单独设立会场进行答辩。

总决赛流程：

(1) 全体评委入场，并由评审组长召开评审预备会；

(2) 参赛队员入场，总决赛开始，主持人介绍评审专家及规则；

(3) 答辩环节开始，主要分为参赛团队队长现场陈述和评委提问两个环节：

现场陈述。选手用 PPT 展示参赛作品的主要内容，方案设计类综合组时间不得超过 15 分钟，在第 13 分钟时第一次摇铃提醒，第二次摇铃停止陈述；方案设计类单项组时间不得超过 10 分钟，在第 8 分钟时第一次摇铃提醒，第二次摇铃停止陈述；技术创新类时间不得超过 10 分钟，在第 8 分钟时第一次摇铃提醒，第二次摇铃停止陈述。

问答环节。每份作品陈述结束后，评委对作品进行点评，提问问题，答辩者回答问题，评委打分，所有类别比赛的点评时间均为 5~10 分钟。

(4) 评审专家组组长做总结发言。

(5) 所有参赛选手退场，评审专家讨论并给出最终分数。

(6)工作人员现场统计核对分数,并依照4.2节的计分办法得到各参赛团队的最终分数。

(7)综合组评选卓越杯团队。

(8)中国石油工程设计大赛总决赛现场答辩结束。

4.1.3.2 评审标准

评委根据作品的质量和答辩团队的现场表现进行综合评价,主要标准如下。

(1)参赛队员着装得体整洁,举止大方。

(2)语言清晰流畅,用语精炼,在规定的时间内能够充分对作品进行展示。

(3)评委提问时回答准确迅速,能够快速抓住问题的要点。

(4)对于方案设计类作品,作品应具有一定的深度和创新性,在完成方案设计主要内容的同时能够对其中涉及到的一些问题或难点进行深入的分析和研究,并提出具有创新性的设计方法或解决方案。

(5)对于技术创新类的作品,选手应充分说明设计思路,如涉及软件的编写或模型的制作,需对软件或模型效果图进行现场演示。

具体评审标准参照中国石油工程设计大赛现场答辩评分表(表4.7):

表 4.7 中国石油工程设计大赛现场答辩评分表

评审方向： 油（气）藏工程/钻完井工程/采油（气）工程/地面工程/HSE 与经济评价			
答辩序号	作品编号		团队名称
评价内容	具 体 要 求		得 分
PPT 内容 25 分	A. 内容完整，思路清晰，重点突出、美观大方	15~25 分	
	B. 内容基本完整，思路基本清晰，主次较分明，重点较突出	5~15 分	
	C. 内容不完整或内容冗长、重点不突出	0~5 分	
PPT 讲解 50 分	A. 思路清晰，语言精炼流畅，举手投足大方得体，讲解紧扣自己所做题目、内容精彩、富有层次感，讲解不超过规定的时间	40~50 分	
	B. 思路较清晰，语言流畅，重点突出，讲解不超过规定的时间	20~40 分	
	C. 思路不清晰，语言不流畅，内容乏味，讲解超过规定的时间	0~20 分	
现场回答 15 分	A. 理解评委现场提出的问题，很好的解答评委现场提出的问题	10~15 分	
	B. 基本理解评委现场提出的问题，基本能够解答评委现场提出的问题	5~10 分	
	C. 不能正确理解评委现场提出的问题，无法解答评委现场提出的问题	0~5 分	
精神面貌 10 分	A. 衣着得体、搭配合理、美观大方、精神面貌好、气质佳	8~10 分	
	B. 衣着得体、精神面貌较好	5~8 分	
	C. 衣着不得体，精神面貌不佳	0~5 分	
合计得分			
评语			
评委签字			

注：满分为 100 分。

4.1.3.3 注意事项

(1) 分赛区初审结果公示结束之后,即在大赛总决赛之前,入围总决赛的团队需根据大赛总决赛参赛须知将团队风采展示材料、参赛作品简介等提交至分赛区,由分赛区汇总后统一发至大赛组委会秘书处。

(2) 大赛总决赛前夕,参赛团队需要前往指定地点进行签到,并提交纸质作品;此外,由中国石油工程设计大赛组委会秘书处相应负责人召开队长会议,全体参赛团队队长务必参加,如若队长因故无法参加需指定一名队员参加;队长会议主要介绍总决赛现场答辩分组情况以及各会场地点安排,并现场抽签决定各会场的答辩顺序。

(3) 参赛团队队长会议抽签工作在保证大赛公平、公正的前提条件下,采取参赛团队避开本赛区评委的原则,以避免出现同一会场参赛团队与评审专家来自同一赛区或单位的情况,确保大赛评审过程的公平性。

(4) 队长会议结束后,各参赛团队队长可在工作人员的指引下到达相应的答辩会场熟悉场地,以确保答辩当天提前5分钟到达相应会场门外等候,进入会场之后务必保持安静,服从现场工作人员安排,按顺序入座。

(5) 答辩过程中,所有成员须统一着正装并站在演讲台,由参赛团队队长一人进行答辩演讲展示,展示过程中可使用大赛组委会秘书处配备的激光笔等设备,问答环节全体队员均可回答评委的提问。

(6) 技术创新类参赛团队可以携带相应的装置设备模型进行现场答辩展示。

(7) 现场答辩PPT以及讲述、纸质作品、设备模型等均不得体现学历以及学校等信息。

（8）答辩结束，评审组长总结发言完毕之后，所有参赛团队需到会场门外等候，等待工作人员指示后方可离开。

4.1.4 大赛卓越杯评选

大赛卓越杯评选是大赛总决赛的最后一个环节，而卓越杯则是大赛的最高荣誉。每届大赛会从方案设计类综合组团队中评选出1组获得卓越杯，获奖团队可获得全程资助赴国内外石油企业进行交流访问学习。

4.1.4.1 具体安排

负责单位：中国石油工程设计大赛组委会秘书处。

候选团队：分别取综合组每个答辩会场排名第一的团队。

评审办法：各参赛团队依次现场展示PPT，具体时间规则同总决赛一致，陈述完毕后无问答环节，由评委投票产生卓越杯。

评委组成：综合组所有会场全体评审专家。

会场安排：综合组A组所在会场。

4.1.4.2 评选流程（图4.3）

4.2 计分办法

4.2.1 团队学历系数

中国石油工程设计大赛的参赛人员为全日制在校研究生、本科生和专科生，学历构成不限，比赛不依据学历设置组别，研究生因为进入相应专业的学习年限比本科生和专科生长，因而相对而言在大赛作品的某些方面具有比本科生和专科生更大的优势。因此需要设置学历系数来弥补低学历参赛选手在专业知识上的弱势。设置团队学历权重系数见表4.8。

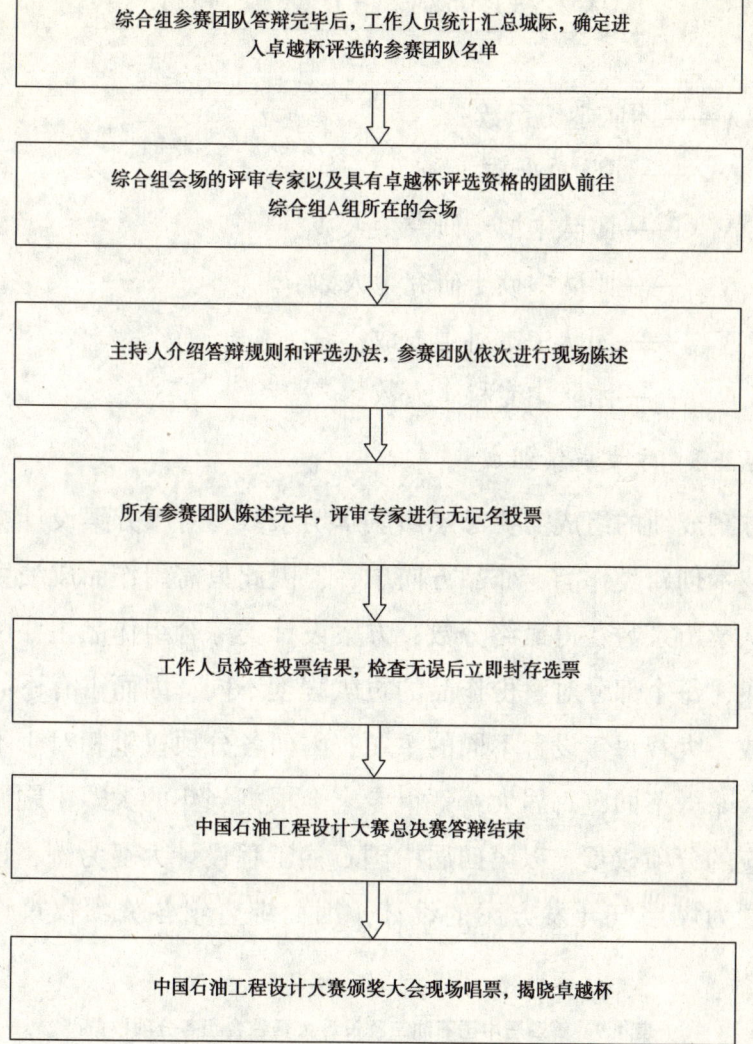

图 4.3 大赛卓越杯评审流程

表 4.8 团队学历权重系数

在读学历	博士研究生	硕士研究生	本科生	专科生
学历系数	1.00	1.05	1.10	1.15

团队学历系数 λ 按下式计算：

$$\lambda = \frac{1.0 \times N_{博士} + 1.05 \times N_{硕士} + 1.1 \times N_{本科} + 1.15 \times N_{专科}}{N_{总}}$$

式中 λ——团队学历系数；

$N_{总}$——团队总人数；

$N_{博士}$——团队中博士研究生人数；

$N_{硕士}$——团队中硕士研究生人数；

$N_{本科}$——团队中本科生人数；

$N_{专科}$——团队中专科生人数。

4.2.2 方案成绩组成

方案成绩的组成需要考虑团队学历系数，对于方案设计类单项组和技术创新类作品，作品方向单一，因此只需用作品成绩直接乘以团队学历系数获得最终分数；方案设计类综合组作品主要由五部分组成，每个部分对整份作品的贡献程度不同，因而占有不同的权重系数，大赛每年设置不同的主题，因而各分项权重相对于不同主题也会略微不同，每届大赛评审专家会根据当年的大赛主题研究确定相应的分项权重，以第四届中国石油工程设计大赛为例，该届大赛主题为煤层气开发方案的设计，因而综合组各分项权重设置见表4.9。

表4.9 第四届中国石油工程设计大赛综合组各分项权重

序号i	项目内容C	权重ρ
1	油（气）藏工程	0.25
2	钻完井工程	0.20
3	采油（气）工程	0.25
4	地面工程	0.20
5	HSE与经济评价	0.10

确定了综合组的分项权重,最终的作品计分办法见表 4.10。

表 4.10 作品计分办法

方案设计类		技术创新类
综合组综合得分	单项组综合得分	综合得分
$Score = \lambda \times \sum_{i=1}^{5} C_i \rho_i$	$Score = \lambda \times S$	$Score = \lambda \times T$

注:$Score$—综合得分;λ—团队学历系数;

C_i—综合组作品中分项 i 的得分;ρ_i—综合组作品分项 i 的权重;

S—单项组作品原始得分;T—技术创新类作品原始得分。

4.3 奖项设置

4.3.1 团体奖项

中国石油工程设计大赛采取积分制设置团体奖项授予各分赛区,团体奖项设置如下:

团体金奖:1 项,总积分第一名。

团体银奖:1 项,总积分第二名。

团体铜奖:1 项,总积分第三名。

优秀组织奖:在大赛宣传、组织等方面表现突出的赛区。

各奖项等级所对应的积分见表 4.11。

表 4.11 各奖项等级积分

奖项等级	卓越杯	一等奖	二等奖	三等奖
积分	5	3	2	1

此外若积分相同,则一等奖获奖队伍多的赛区排名在前,若一等奖数量相同,则按二等奖数量比较,以此类推。

4.3.2 单项奖项

单项奖授予参赛团队及指导教师等,奖项设置如下。

4.3.2.1 方案设计类

(1) 综合组：

卓越杯：获奖证书及全程资助赴国内外石油企业交流。

一等奖：获奖证书及奖金。

二等奖：获奖证书及奖金。

三等奖及以上占有效作品总数的30%，获奖证书。

鼓励奖：占有效作品总数的20%，获奖证书。

成功参赛奖：占有效作品总数的50%，获奖证书。

(2) 单项组：

一等奖：获奖证书及奖金。

二等奖：获奖证书及奖金。

三等奖及以上占有效作品总数的20%，获奖证书。

鼓励奖：占有效作品总数的20%，获奖证书。

成功参赛奖：占有效作品总数的60%，获奖证书。

4.3.2.2 技术创新类

一等奖：获奖证书及奖金。

二等奖：获奖证书及奖金。

三等奖及以上占有效作品总数的20%，获奖证书。

鼓励奖：占有效作品总数的20%，获奖证书。

成功参赛奖：占有效作品总数的60%，获奖证书。

注：以上奖项中的一等奖、二等奖名额以当年大赛的实施方案为准。

4.3.2.3 优秀指导教师奖

获得二等奖及以上团队的指导教师。

4.3.2.4 先进个人

在大赛组织工作中做出突出贡献的个人。

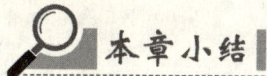
本章小结

本章主要从中国石油工程设计大赛评审流程、计分办法和奖项设置三个方面系统地介绍了大赛的评审办法。

中国石油工程设计大赛经过大赛报名、赛题发布、作品完成以及作品提交等阶段最终进入大赛的评审阶段,即作品有效性认定、分赛区评审、大赛总决赛。大赛组委会秘书处通过作品有效性认定,在所有提交作品中评选出70%的有效作品,有效作品均为成功参赛作品;分赛区评审由各分赛区负责执行,通过作品书面审阅以及现场答辩两个环节推选出各赛区晋级全国总决赛作品,并相应产生全国三等奖和全国鼓励奖等获奖作品;入围团队通过大赛总决赛现场答辩产生全国一等奖和全国二等奖等获奖作品,并且在方案设计类综合组中还将评选出1组作品作为大赛的最高荣誉即卓越杯。

考虑到大赛参赛人员不同的学历背景,为保证大赛的公平性,引入团队学历系数来均衡学历差别;方案设计类综合组设置分项权重系数,以体现不同大赛主题项目内容的差异。

大赛设立团体奖项和单项奖项分别授予分赛区以及参赛团队和指导老师等。

本章内容中涉及的具体安排以大赛组委会秘书处最新发布的中国石油工程设计大赛实施方案为准。

第 5 章　中国石油工程设计大赛卓越杯作品展示

内容提要

中国石油工程设计大赛卓越杯为大赛的最高荣誉，授予当届大赛取得最好成绩的团队。从 2011 年开始，共产生了 4 组卓越杯作品，分别是中国石油大学（北京）振石小组的《××断块油田总体开发方案设计》、西南石油大学西油设计团队的《×××气田气藏总体开发方案设计》、中国石油大学（北京）石大黑金团队的《A 区块稠油油藏总体开发方案设计》和中国石油大学（华东）博研团队的《沁端区块煤层气总体开发方案设计》。本章将全面展示四届大赛卓越杯的作品要点。另外，将四届大赛卓越杯的演示文档，第三届和第四届卓越杯汇报视频刻制成光盘随书赠送，供读者参考学习。

××断块油田总体开发方案设计
（第一届）

（中国石油大学（北京）振石小组）

参赛选手：赖令彬　李梦博　段纪淼　周俊一
指导老师：李相方　柳贡慧　杨　进　宫　敬
参赛选手现工作单位：赖令彬：中国石油勘探开发研究院；李梦博，周俊一：中国石油大学（北京）；段纪淼：重庆后勤工程学院

作品说明

油田位于 A 市 MN 区和 W 省 HZ 市之间的胜利村西南约 1km。××断块为新增储量区，没有形成开发井网，周围无井站和集输管网及配套设施，M2 向北 2.2km 可进入最近的配套集输设施覆盖区 HE。依据油藏实际地质情况，通过开发层系划分、井网井距、单井产能、采收率预测等研究，确立了该油田的开发模式，并利用数值模拟方法对比几套开发方案，优选出油藏工程推荐开发方案。钻井工程设计中合理设计了井身结构。并依据区块特低渗水敏、酸敏的特点，设计出了聚磺钻井液，优选了活性剂，并提出采用屏蔽暂堵技术、控压钻井技术等技术方案。完井中采用定方位射孔工艺。采油作业采用射孔后水力压裂投产联作一体化方式，采油方式可通过三级模糊评判法确定，其中抽油井系统可通过配套软件进行优化设计。压裂液体系选用泡沫压裂液体系。注水采用早期分层注水，注入水中需添加黏土稳定剂。解堵方式采用物理解堵，主要可采用高压水旋转射流和大功率超声波解堵技术。地面集输方面设计了集油

站的工艺及布置,并提出了 SCADA 自动化监控管理方案。方案包含整套应急预案等安全环保(HSE)内容,并对开发方案进行了详细的经济评价。作品方案涵盖油藏、钻完井、采油、地面集输、HSE 及经济评价等方面。

1 油田概况与储层特征

××断块油藏属于砂岩中孔特低渗油藏,储层岩石具有强酸敏及水敏。油藏断块圈闭面积为 6.1km², 目的层为沙三段 3 油组,埋深 2680~2913m,原油为常规轻质油。圈闭幅度 319m,圈闭面积 6.1km²。

2 油藏工程

2.1 开发方式

Es_3^3 油层饱和压力低,地饱压差大,天然弹性能量低,局部有边底水,早期生产效果差,需补充能量开发。通过开发特征曲线分析,M1、M2 两口井的目前日产液量均低于 2.5t,产量较低,注水开发前需要对油水井进行压裂处理。

2.2 开发层系和井网井距

根据低渗透油田开发层系划分原则,$Es_3^{3^1}$、$Es_3^{3^2}$ 油层沉积背景相同,油藏类型、储层物性、压力系统和流体性质等特征相近,且跨度小,$Es_3^{3^1}$、$Es_3^{3^2}$ 采用一套层系开发。针对特低渗透油藏基本开发特点,结合现场试验提供的思路,建议本区采用菱形反九点井网。

2.3 储量计算

采用容积法和产量不稳定分析法计算区块动、静态储量。

2.4 开发方案及数值模拟分析

使用 Eclipse 模拟软件 E100 三相黑油模拟模块,采用基质油藏模型进行模拟计算。

（1）开发方案设计。首先对油藏开发方式、注采井网类型、油井产液、注采比进行优化。根据优化结果设计了9种开发方案，对各开发方案采出程度及含水率变化进行模拟，最终优选出最佳开采方式进行开发方案部署。

（2）开发方案部署。采用菱形反九点法井网，井距为500m，排距为250m，沿地层走向布井，井排方向为北偏东70°。同步注水，采油井单井配产2.25m³/d，注采比控制在0.8。

根据地貌特征，布采油井34口，注水井8口。2011年投产，到2030年累积产油28.38×10^4t，含水64%，采出程度22.2%。

3 钻井工程

根据油藏工程推荐方案，区内已钻探3口井（M1、M2、M3），需新钻井39口，井型为直井。

3.1 井身结构设计（直井）

3.2 钻井液选择

根据储层特点，钻井液需加入针对目标储层孔喉尺寸设计的理想充填暂堵剂：两性离子体系+4%理想充填暂堵剂。

3.3 油气井压力控制

设计一开、二开、三开井口装置及其节流管汇。

4 完井工程

4.1 完井方式

根据区块油藏状况及生产措施需要，完井方式采用射孔完井，渗透率较低的油井采用先期裸眼完井和筛管完井。

4.2 生产套管设计

（1）ϕ339.7mm 表层套管。

（2）ϕ244.5mm 技术套管。

（3）ϕ139.7mm 油层套管。

4.3 定方位射孔工艺技术

采用定方位射孔工艺技术,射孔方向与地层最大主应力方向一致,将压裂能量集中于有效射孔孔眼,使压裂裂缝沿射孔孔眼方向顺畅延伸,从而达到了提高压裂效果的目的。

5 采油工程

5.1 采油方式的选择

根据各采油方式的技术水平、管理水平和经济因素,对各方式进行三级模糊综合评判,再根据评判结果选择最优采油方式。

5.2 注水工艺

(1) 早期注水,保持地层压力。

(2) 针对性地制定适应性强的注水水质标准,确保高质量的注入水质来简化防腐措施和最大限度地延长注水稳定周期。从而减少洗井、增注等作业措施工作量。

(3) 注入水中需添加与地层配伍性好的黏土稳定剂。

(4) 针对油层较单一的特点,分注一般考虑一级两段,简化井下注水管柱。

(5) 推广使用套管保护液的保护套管技术。

(6) 设单管注水流程,配套洗井车洗井。

(7) 从工具配套性考虑,目前国内大多数注水井井下工具都是按与 $2\frac{7}{8}$in 油管配套设计。因此,该油田注水采用 $2\frac{7}{8}$in 油管,配套性强。

5.3 油水井压裂设计

××断块油藏储油层 Es_3^{31}、Es_3^{32} 为中孔、特低渗型储层,含油饱和度大于35%,地层系数 $K_h>0.5$mD·m,适合成为压裂目的层,压裂井段应控制在 20~40m 的范围内,压裂层厚度应控制在 15~25m 的范围内。

6　地面集输工程

6.1　工艺流程

（1）正常生产流程。

（2）站内循环流程。

（3）伴热。

6.2　平面布置

集油站场的平面布置应满足站内工艺流程顺畅、消防、安全、卫生及施工等要求，并考虑到站址的地形、地质、气象等自然条件。

7　经济评价

××断块油藏储量规模小、开发难度大，因此，将其作为边际开发油藏进行经济评价。经济评价法采用费用—效益法。

7.1　敏感性分析

选取原油产量、销售价格、经营成本和固定资产投资等不确定性因素，在假定只有一个因素变化，其他因素不变时做敏感性分析。

7.2　盈亏平衡分析

盈亏平衡分析取正常年份的数据，预测方案的风险程度。

7.3　技术经济评价结论及建议

（1）由财务分析结果可知，油藏工程推荐方案在资源动用程度方面和经济效益方面均可行。

（2）油藏工程推荐方案在评价期内有较强的盈利能力和清偿能力。

（3）盈亏平衡分析和敏感性分析表明开发方案具有较强的抗风险能力。原油销售价格是方案最敏感因素；其次是原油产量。因此，一方面要积极进行原油销售市场的预测分析、促销，尽可能降低油价带来的风险；另一方面，要确保油田中、后期开采的持续稳产，是确保油田在开发全期获得盈利的重要条件。

××气田气藏总体开发方案设计
（第二届）

（西南石油大学西油设计团队）

参赛选手： 刘　辉　代科敏　严俊涛　姚锋盛　张德良

指导老师： 尹　虎

参赛选手现工作单位： 刘　辉：中国石油西南油气田公司；代科敏：中国石油集团工程设计有限责任公司西南分公司；严俊涛：中国石油西南油气田公司；姚锋盛：中海石油（中国）有限公司上海分公司；张德良：西南石油大学

作品说明

××气田具有低孔、低渗、低丰度的特点，合理的方案设计是实现其稳定、高效开发的重要保障。本气田总体开发方案包括气藏工程、钻完井工程、采气工程、地面工程、HSE及经济评价六个部分。

气藏工程以地质特征为基础，分析了储层基本物性、连通性及敏感性，建立了气藏三维地质模型，运用气藏工程理论及数值模拟方法，提出了以富集区筛选、低产井产能评价、低丰度气藏井网系统优化、综合开发方案优选为核心，以"快速建产、滚动开发"为特色的主体开发模式，为后续钻完井、采气及地面集输方案的设计奠定了基础。

钻完井工程以气藏工程及地层条件为依据，基于安全、快速、经济钻进的原则，在常规方案设计的基础上，形成了以丛式井组部署为主体，空气钻井、井眼防碰技术为重要配套，适用于××气田的优快钻井技术方案。

采气工程针对××气藏"三低"储层特征，设计了一套集排量优化、参数预测，压裂液体系及支撑剂类型优选为一体的加砂压裂工艺方案；通过对井口装置、投产方式及节点系统分析，确定了合理的油管尺寸和生产工作制度，提出了防腐和防水合物工艺措施。

地面工程通过集输方案比选，确定了井下节流、井口不加热、管道不保温、不注醇、单井串接的低压集气工艺，设计了天然气从井口至外输点 MN 的完整工艺流程。

HSE 通过完善组织机构，规范安全工作流程，重视安全技术标准，形成了一套系统的网络式 HSE 评价标准及处理措施。

经济评价建立了适宜××气田的简化评价模型，结合具体工程设计参数及金融政策规定，论证了本气田开发方案的经济可行性。

本设计方案坚持主体与特色相结合，总体上统筹兼顾、论证有据、设计合理，将气藏工程、钻完井工程等理论有机融合到设计当中，形成了一套完整、科学、经济的总体开发方案，确保了××气田建设与管理的有序实施及综合开发效益的实现。

1 气藏地质和气藏工程

1.1 气藏地质

（1）该区块具备良好的天然气成藏条件，下伏陆相—海陆交互相煤系地层呈广覆式分布且成熟度高；构造特征明显、规律性强，地层北东高—南西低，整体呈向西倾斜的单斜；沉积环境为典型的辫状河砂砾质心滩沉积。

（2）该区气藏孔隙度分布在 0.4%~20% 之间，平均 7.2%；渗透率分布在 0.001~2398mD 之间，平均值 0.43mD，表明储层主体属超低渗储层。

（3）气藏地温梯度为 3.36℃/100m，压力梯度为 0.921MPa/

100m，为正常的温压系统。综合储层形态、压力系统、气水关系及流体性质的特征认为，气藏类型为带有边水的常压、砂岩孔隙型干气藏。

（4）该区天然气组分以甲烷为主，微含 CO_2，不含 H_2S，属典型的干气藏。气藏在中间部位存在较好的储层展布，属于典型的"甜点区"。

（5）该区无明显速敏、水敏现象，但存在弱酸敏、弱碱敏、弱盐敏。

（6）从三维建模可以看出，气藏在 M5、M6 及 M9 井周围存在较好的储层厚度及物性展布。

1.2 气藏工程

（1）该地区地理位置位于 M 市 B 区 C 村东北约 10km。处于沙漠地带附近，井场周围便道较多，多为村级道路，路面松软，大型车辆难以通行，交通及通信情况恶劣，工区西南村落可提供充足的水电供给。

（2）该气藏为新增储量区，没有形成开发井网，周围无井站和集输管网及配套设施，A 向东 22km 可进入最近的配套集输设施覆盖区 MN，该区的天然气处理能力已达到饱和，外输能力还有富余，且留有接入点。

（3）在勘探范围内已钻探井 10 口，探明含气面积 792.3km^2，地质储量 640.3×10^{8}m^3。勘探开发简况显示，开发区域区孔隙度分布在 0.4%~20% 之间，平均 7.2%；渗透率分布在 0.001~2398mD 之间，平均值 0.43mD；其中，孔隙度主要分布在 5%~10% 之间（占 56.5%），渗透率主要分布在 0.1~1mD 之间（占 55.9%），储层主体属超低渗储层。地温梯度为 3.36℃/100m，压力梯度为 0.921MPa/100m，为正常的温压系统。

(4) 由容积法计算得出气藏静态地质储量为 $640×10^8m^3$；由于该区目前仅布有 10 口探井，井间距离最小也在 3.2km 左右，考虑低渗透气藏存在启动压力梯度，故认为各探井尚未连通，各井压力的平均值也难以代表整个气藏的平均地层压力，因此所涉及的参数，均通过数值模拟手段获得，计算出气藏动态储量 $551.9×10^8m^3$。

(5) 通过分析 M1、M4 井单井采气曲线，总结××气藏采气生产特征如下：产量低、压力下降快；关井后压力有一定程度恢复，但恢复速度缓慢；气井在低压条件下生产指标趋于平稳，能保持较长时间的稳定生产。

(6) 根据测井解释成果、PVT 测试分析及试气数据，该气藏宜采用一套开发层系进行开发。

(7) ××气藏宜采用多井一场的丛式布井方式，开发的井网类型初步确定为排状开发井网，经济极限井距为 583m，井网排距优选确定排距为 1000m，井网井距优选确定井距为 800m，气井的临界携液产量为 $1.12×10^4m^3/d$，Ⅰ类区单井配产 $2.5×10^4m^3/d$，Ⅱ类区单井配产 $2.1×10^4m^3/d$，废弃地层压力 6.68MPa，气藏预测采收率 79.26%，采气速度最好控制在 3%~4%。

2 钻完井工程方案设计

钻完井工程方案设计主要包括地质概况分析、井壁稳定性研究、钻机选型及钻井主要设备选择、井身结构设计、钻具组合设计、钻井液设计、水力参数优选、固井设计和完井设计等九个部分。

2.1 区域地质概况

设计区块构造位置处于××盆地××斜坡，该区块具备良好的天然气成藏条件。本区构造特征明显、规律性强，地层北东高、南西低，整体呈向西倾斜的单斜。统计地层坡度较缓，每千米下降 2~15m，没有大的构造起伏。

2.2 井壁稳定分析

基于井壁稳定理论,结合现场资料和实验数据分析,对该区块钻进过程中不同类型地层失稳机理进行具体分析。并建立合理的井壁稳定分析模型,获取地层相关强度参数及应力分布,确定三压力剖面并针对不同类型的失稳情况制定出相应预防措施,形成一套适用于该区块的井壁稳定理论体系,为钻井工程设计及压裂施工提供理论依据。

2.3 钻井设备选择

依据钻机选择原则,钻机设备负荷能力、钻达深度及配置应能够满足在4000m左右的地层深度进行钻井作业的需要,同时为节省辅助作业时间、易于处理井下复杂情况、提高钻速,建议选择ZJ40型电动钻机。

2.4 井身结构设计

井身结构设计直接关系到钻井技术指标、钻井工作成败及开发目的的实现。对××气田的开发主要设计直井和定向井两种井型,先期开发区块气藏埋深在3600~3690m的范围,设计钻探深度在3750m左右。

2.5 钻井液设计

为了预防一开井段垮塌和漏失,采用膨润土浆钻进;二开井段600~2800m地层采用低固相钻井液钻进,保证钻井液具有较低的滤失量和较好的滤饼质量,2800m后采用低固相聚磺钻井液钻进,钻至NPEDC6组地层走小循环,提前调整好钻井液性能,保证钻井液携岩能力;三开井段钻井液安全密度附加值取0.07~0.1g/cm^3。

2.6 钻头选型

0~30m钻头类型ST517GK,30~600m钻头类型MD9551,600~

2300m 钻头类型 P4A11，2300m 至完钻采用 MD9535ZC。

2.7 钻具组合设计

直井钻具组合设计采用钟摆钻具组合，技术要点主要是保证井段打直打快。首先要求设备安装时天车、大钩、井口三点一线轴线偏差小于 10mm；在钻进过程中，选择合理的排量、转速及钻压吊打钻进，确保井段打直。

2.8 钻井参数及水力参数设计

钻井参数设计为：

开钻次序	钻头直径/mm	钻压，kN		转速，r/min		排量 L/s
		牙轮钻头	PDC 钻头	牙轮钻头	PDC 钻头	
1	444.5	20~180	—	60~120	—	55
2	311.2	—	40~80	—	80~120	45
3	215.9	—	40~120	—	40~80	30

水力参数设计为：

钻头尺寸 mm	井段 m	喷嘴组合	钻井液密度 g/cm³	水力参数					
				泵压 MPa	排量 L/s	钻头压降 MPa	循环压耗 MPa	上返速度 m/s	比水功率 W/mm²	冲击力 kN
311.2	30~600	12+12+10	1.0	5	45	6.2~9.5	2~2.7	0.6~0.8	3.5	4.2
215.9	600~2600	15×2+14×2	1.0~1.02	15	30	1~1.5	10.5~12.5	1.2~1.4	2.6	1.8
215.9	2600~完钻	5×13	1.0~1.05	11	30	1~1.5	12.4~15.2	1.2~1.4	2.5	1.6

2.9 固井与完井工程设计

气井完井方式的选择取决于气藏的地址特征、气藏工程的要求、钻井技术水平和采气工程技术的要求。鉴于气藏的布井方式为丛式井组，井型为直井和定向井，完井方式选择应重点考虑一下因素：（1）丛式井和定向井的特点；（2）气藏埋藏深度和温度分布；

（3）满足压裂改造施工的要求；（4）气井长期安全稳定生产。

××气藏为低孔、低渗气藏，气井开发方式主要为压裂后生产，为了满足压裂施工的要求，考虑选择套管固井射孔完井方式，并且套管在长期的高压下服役，需要考虑油层套管自身的强度和套管螺纹的密封性能，综合分析确定完井方式为套管固井射孔完井方式。

3 采气工程方案设计

采气工程方案设计针对××气藏"三低"储层特征，设计了一套集排量优化、参数预测，压裂液体系及支撑剂类型优选为一体的加砂压裂工艺方案；根据气井的配产情况，分析气井产量与井底流压、井口压力、油管尺寸的关系，确定累定产量的油井生产工作制度，选择合理的油管生产管柱；制定增产工艺的设计原则，通过现场试验进一步确定压裂液体系、支撑剂类型以及压裂工艺技术方法，完成压裂工艺优化设计；提出了防腐和防水合物工艺措施，并且制定了增产过程中的安全环保规范和紧急事故处理预案。

4 地面工程方案设计

地面工程方案设计注重安全生产、环境保护和工程质量，涉及内容主要包含总体工艺方案、管网系统设计、集气场站设计、气体净化工艺、腐蚀防护工艺、自动控制和供水供电七个部分。整体通过集输方案比选，本着"减少地面费用，简化工艺流程"的主体思想，确定了井下节流、井口不加热、管道不保温、不注醇、单井串接的低压集气工艺，设计了天然气从井口至外输点MN的完整工艺流程。

5 HSE

HSE通过完善组织机构，规范安全工作流程，重视安全技术标准，形成了一套系统的网络式HSE评价标准及处理措施。

6 经济评价

经济评价建立了适宜××气田的简化评价模型，结合具体工程设计参数及金融政策规定，论证了本气田开发方案的经济可行性。

本设计方案坚持主体与特色相结合，根据××气田"三低"储层特点，借鉴同类气田开发经验，参考国内外先进技术，形成了一套完整、规范、实用的总体开发方案，确保了××气田建设与管理的有序实施及综合开发效益的实现。

A 区块稠油油藏总体开发方案设计
（第三届）

（中国石油大学（北京）石大黑金团队）

参赛选手： 何聪鸽[1]　肖剑峰[2]　陈子剑[3]　李江飞[4]

指导老师： 程林松　吴长春　曹仁义　蔚宝华

参赛选手现工作单位： 何聪鸽：中国石油勘探开发研究院；肖剑峰：川庆钻探工程有限公司；陈子剑：中国石油大学（北京）；李江飞：承德石油高等专科学校

作品说明

A 区块稠油油藏总体开发方案设计包括油藏地质研究、油藏工程方案、钻完井工程方案、采油工程方案、油气地面工程方案、HSE 及整体方案经济评价等六部分。

油藏地质研究主要分析了储层构造特征、储层物性、流体物性、敏感性，并进行了储量计算及评价，最终建立了油藏三维地质模型，为后期油藏工程及钻完井工程奠定了基础。

油藏工程方案是在地质研究的基础上，从稠油开采筛选标准、渗流特征、驱替特征、黏温曲线、相似油藏对比、数值模拟对比多方面对目标油藏进行了热采开发可行性论证，以油藏工程方法进行了开发层系的划分，确定井网类型、井型、井距以及合理配产量，并对目标油藏进行采收率预测分析。最后结合数值模拟技术，从蒸汽吞吐周期量、注汽速度、焖井时间、注汽干度、排液量、转周期时机、转驱时机以及蒸汽驱注采参数进行了优化研究，筛选出区块整体部署方案并进行了预测。

钻完井工程方案是在充分研究地质情况和已钻井情况的基础上,从防漏、防塌、提速和防砂的角度,提出了空气钻井与独立筛管完井的钻井工艺。针对特殊的钻井工艺,通过空气钻井井壁稳定分析,设计了井身结构、钻头、钻具组合、水力参数、钻井液、套管柱组合和完井方法,完成了一套完整的钻完井工程设计。

采油工程方案利用质量、动量以及能量守恒方程以及辅助方程,运用四阶龙格库塔方法迭代求解出注蒸汽井沿程压力温度等参数变化,优选出井口出入注入温度、压力,并针对采油井排量大的情况,计算求得合理油管尺寸、泵尺寸及泵下入深度。

油气地面工程方案根据目标油藏蒸汽驱的特点和油井位置,分别进行了集输优化设计及注蒸汽优化设计。对于集输优化设计,通过方案比选,确定了星型集输系统、掺水混输、管道保温、多井计量的集输工艺,优化了计量站和联合站位置,并进行了管径优化和设备选型,完成了稠油从井口到外输点的整个工艺流程。对于注蒸汽优化设计,进行了注汽站优化布置、注汽工艺优化、设备选型及管线布置,并为计量站提供热水,分输至各采油井进行掺水混输。

同时,本次设计从钻完井工程、采油工程、油气地面工程 3 个方面出发,对开发方案进行了详细的经济评价,结果表明目标油藏开发方案在评价期内都具有较强的盈利能力和清偿能力。最后,针对各生产环节可能存在的危险因素,给出了相应的 HSE 管理及应急预案,对实际生产和运行具有一定的指导意义。

1 油藏地质和油藏工程

1.1 油藏地质

(1) 目标油藏俯瞰呈三角形,两边为断层边界,一边存在边水,油藏海拔埋深-1240~-1140m,油藏中部海拔-1200m,呈向东南倾斜的单斜构造,地层坡度较缓,倾角 5.8°,没有大的构造起伏。

（2）该区块孔隙度分布在12.9%~30.5%之间，平均值23.7%；渗透率分布在2~1511mD之间，平均值720mD，表明储层主体属中孔高渗储层。

（3）温度梯度在0.0214~0.0397℃/m，压力梯度1.18MPa/100m左右，属常压系统。根据高压物性分析，饱和压力8.14MPa，地层压力15.44MPa，属正常压力系统未饱和油藏。

（4）原油地面脱气黏度为2300mPa·s，原油黏度对温度的敏感性较强；从驱油效率曲线可以得到50℃水驱驱油效率为48%，150℃热水驱驱油效率为55%，200℃热水驱驱油效率为60%，200℃蒸汽驱驱油效率在70%以上，温度越高，驱油效率越高。

（5）目标储层黏土矿物中以伊/蒙混层与高岭石为主，绿泥石含量较少；岩石矿物以岩屑、长石质岩屑砂岩为主，成分成熟度和结构成熟度均较低；储集空间类型以剩余粒间孔为主（39.8%），其次粒内溶孔（18.1%），粒间溶孔（12.8%）；岩样强盐敏和水敏现象，无明显速敏、弱酸敏、弱碱敏和弱压敏。

（6）建立了目标油藏三维地质模型并且计算储量为$988.9×10^4$t，油藏工程方法计算地质储量为$984.1×10^4$t，两者相差不大，储量丰度为$12.8×10^4$t/km^2·m，属高丰度普通稠油油藏。

1.2 油藏工程方案

（1）为了实现开发效益最大化这一最终目标，一套开发井网比多套开发井网更有利于控制成本。根据测井解释成果、PVT测试分析及试油数据，目标油藏采用一套开发层系进行开发。

（2）通过对比目标油藏与稠油油藏开采筛选标准、类比相似油藏开发方式、分析黏温曲线以及不同温度下的相渗曲线和驱油效率，并通过CMG数值模拟软件对不同开发方式进行对比，最终确定目标油藏采用热采（衰竭开采—蒸汽吞吐—蒸汽驱）的开发方式来开发设计。

（3）结合工区实际情况、布井原则，初步定为五点井网；利用油藏工程方法并辅助数值模拟方法对比直井和水平井产能，表明目标油藏采用直井开采更具优势；目标区采用150m井距，总井数47口（25口生产井，22口注汽井），配产50~80t/d；目前原油价格在3500元/t左右时，蒸汽吞吐经济极限油汽比为0.18，蒸汽驱经济极限油汽比为0.28。

（4）利用不同采收率经验公式对目标油藏进行预测，经验公式计算得到水驱采收率为20%左右，蒸汽驱采收率在50%左右，这也表明对目标油藏进行热采更具有优势。

（5）结合油藏工程研究结果，利用数值模拟技术（CMG软件），对井网形式、蒸汽吞吐周期注气量、注汽速度、注汽干度、焖井时间、排液速度、转周期时机、转驱时机以及蒸汽驱注采参数进行优化，从而得出区块整体部署方案。衰竭开采阶段：衰竭开采时间100天左右，地层压力降为10MPa左右；蒸汽吞吐阶段：周期注汽量4000t、注汽速度200t/d、井底注汽干度0.6、排液量为60t/d、焖井时间6天、转周期时机为周期末日产油为2t、在蒸汽吞吐8个周期（1340天）后转蒸汽驱；蒸汽驱阶段：采注比1.2、日产液140、日注汽120。

（6）采用推荐开发方案对目标油藏进行模拟20年：其中衰竭开发100天，累计产油$33.53×10^4$t，累计产水$9.14×10^4$t，地层压力降为10.34MPa（地层压力维持水平为67%），采收率为3.1%；蒸汽吞吐3.5年，累计产油$112×10^4$t，累计产水$86.1×10^4$t，累计注汽$99.2×10^4$t，累计采收率为10.4%；蒸汽驱至20年，累计产油499.8$×10^4$t，累计产水$1282×10^4$t，累计注汽$1586×10^4$t，累计油汽比为

0.28t/t，累计采收率46.2%。

2 钻完井工程方案

根据油藏地质开发要求、区块地质特征和已钻井情况，进行了一套完整的直井钻完井工程设计，主要包括地质概况分析、井壁稳定性研究、钻机选型及钻井主要设备选择、井身结构设计、钻具组合设计、钻井液设计、水力参数优选、固井设计和完井设计等九个部分。

（1）地质概况分析。结合本地区已钻井的情况以及地质资料研究发现，本区块地层主要存在四个问题，分别是八道湾组井漏严重、侏罗系和三叠系地层易坍塌、地层可钻性差和储层出砂。针对这些问题，结合地质情况，论证了空气钻井的可行性，从而确定了本区块使用常规钻井和空气钻井配套的钻井方案。

（2）井壁稳定性研究。根据提供的测井资料和地漏实验等数据，对本地区的地层井壁稳定性进行了分析，本地区的地层强度和地应力都较大，安全钻井液密度窗口较宽，单从力学角度分析不存在井壁失稳的问题。但是由于地层存在煤夹层以及地层易水化的缘故，导致存在井漏和坍塌的风险。进一步针对空气钻井，分别从井周塑性变形、地层流体渗流和气液介质转化三个方向，对空气钻井井段进行了井壁稳定分析。

（3）钻机选择及钻井主要设备。本区块的井深大部分在1500m左右，所以选择ZJ15型钻井，结合空气钻井的特殊性，配套了空气压缩机、增压机、膜制氮机和旋转防喷器等设备。二开和三开使用35MPa的防喷器组合，采用空气钻井的节流管汇结构。

（4）井身结构设计。本区块的储层较浅，导致井深也较浅，并且地层不存在异常高压，所以根据井壁稳定的研究结果，设计了一套三开的井身结构。表层套管贯穿新近系，技术套管从古近系一直下至储层以上，从而封堵住易漏地层，最后挂油层套管开发储层。

（5）钻具组合设计。本区块一开使用常规钻井方式，二开和三开使用空气钻井方式，结合不同的钻井方式，也设计了不同的钻具组合。一开使用塔式钻具组合，达到防斜的效果。二开和三开配套了平底钻头加空气锤的钻具组合，结合直井和空气钻井钻压小的特点，设计了钟摆钻具组合结构。在附录中对钻具组合的强度进行了校核，结果符合设计要求。

（6）钻井液设计。一开使用膨润土-CMC钻井液钻井，密度保持在$1.10\sim1.15g/cm^3$之间。二开和三开设计使用空气钻井，但是为了避免地层出水或易燃易爆气体含量增大等意外情况，设计了备用钻井液，选择钾钙基聚磺钻井液，钻井液密度从$1.15g/cm^3$逐渐增大到$1.30g/cm^3$。

（7）水力参数优选。针对空气钻井的特殊性，采用气体最小动能法，设计了空气钻井的注气量，二开和三开的注气量保持在$80\sim120m^3/min$之间。同时，也进行了常规的水力参数设计。

（8）固井设计。固井设计主要进行了套管柱的选择和注水泥设计，结合空气钻井的特殊性对套管柱设计进行了强度校核，结果符合设计要求。注水泥设计中，分别计算了干水泥、清水量、石英砂和微珠等含量，同时为了防止因为热采造成的套管热应力损伤，采用双凝水泥法，具体校核和计算过程在附录三中。

（9）完井设计。对地层的出砂可能性进行了判断，该地区的出砂可能性较大。对于进一步防砂方式的选择，提出了计划和建议，建议选择套管内衬管砾石充填的方式进行完井。

同时，本方案还对油气井控制、钻井HSE管理、钻井施工计划以及钻井成本预算等进行了设计，形成了一套完整的钻完井工程设计。

3 采油工程方案

(1) 注蒸汽热采开采稠油时通过结合质量守恒方程、动量守恒方程、能量守恒方程以及辅助方程,利用的四阶龙阁库塔迭代求解沿程压力、温度以及干度,确定井口注入蒸汽温度为320℃,并进行注汽井防膨以及动态监测设计。

(2) 在研究合理井底流压时,通过对比不同含水率下产油量与井底流压的关系可以得出,随着井底流压的降低,产油量不是一直增加,而是出现先增加后降低的现象,即合理的井底流压与含水率有必然联系,整个油田开发过程中,合理的井底压力应随着含水率的不断变化,及时调整,以获取最大的产油量。

(3) 由于单井日产油较高,日产液达到140t,在优化油管参数时选用大泵径油管,选择贝克Ⅱ型隔热油管,油管规格为外管外径139.7mm,内管内径76mm,采用单级杆设计,杆径选择为25mm,采用管式泵抽油,抽油机采用游梁式抽油机,型号为CYJ10-3-37HB,最大负荷100kN,功率17kW,冲程选择为3m,冲次6次/min。

(4) 在注采工艺设计时,采用油基清蜡剂进行清蜡,表面活性剂的水溶液进行降黏,采用分层注蒸汽的办法以及隔热注采工艺技术,可以有效提高注汽效率,对提高原油产量,降低采油成本,提高经济效益具有重要的意义。

4 地面工程方案

本次设计根据A区油藏蒸汽驱的特点和油井位置,分别进行了集输优化设计及注蒸汽优化设计。对于集输优化设计,通过方案比选确定了星型集输系统、掺水混输、管道保温、多井计量的集输工艺,优化了计量站和联合站位置,并进行了管径优化和设备选型,完成了稠油从井口到外输点的整个工艺流程。对于注蒸汽优化设计,进行了注汽站优化布置、注汽工艺优化、设备选型及管线布置，并为计量站提供热水，分输至各采油井进行掺水混输。

由于 A 区含油面积较小，本方案采取二级布站的集输工艺，承担 25 口油井的掺水、集输和 22 口注汽井的注蒸汽任务，拟建联合站 1 座、污水处理站 1 座、注汽站 2 座、计量站 4 座、配水间 2 座，其中联合站与污水处理站合建，注汽站与配水间合建。根据蒸汽驱开发的特点，采用掺热水混输和稠油污水回用注汽锅炉工艺，在满足工艺要求的基础上最大程度地满足经济效益。通过蒸汽管线，直接将蒸汽站与各注汽井相连接，并将注汽站部分排出热水输送至计量站，再分输至各采油井，进行掺水混输。在污水处理站处理达标后的污水，输送至注汽站，进行加热利用。在布站设计时，联合站与污水处理站合建，注汽站与配水间合建，注汽站也采用尽量集中的布置方式，既能节约投资，同时也能很好地满足油田的滚动开发。

5 HSE 及经济评价

5.1 HSE

安全环保工程主要进行了职业卫生有害因素的分析及防控、针对钻井作业、注汽作业、采油作业以及地面集输作业等生产安全有害因素分析及防控，油田环境污染因素分析及防控，建立了 HSE 管理体系，确定可能发生的危害及后果，从而采取有效的防范手段和控制措施防止其发生，以便减少可能引起的人员伤害、财产损失和环境污染。

5.2 经济评价

此次经济评价在油藏工程、钻井工程、采油工程和地面集输工程设计方案的基础上，按照国家计委颁布的经济评价方法与参数的要求，根据国家现行财税制度和价格体系，结合油田开发的实际情况，对方案的投资、采油成本费用和利润进行估算和预测。

针对所设计的油藏开发方案，项目投资成本共计60874.4万元，其中：钻井投资29140万元，采油投资11004万元，地面工程投资14550万元，建设期利息3719.2万元，流动资金2461.2万元。

对油藏工程推荐方案进行营销收入及利润估算，投资回收期为1年，20年利润（税后）为706784万元，说明油藏工程推荐方案在评价期内都具有较强的盈利能力、清偿能力和经济效益。

沁端区块煤层气总体开发方案设计

（第四届）

（中国石油大学（华东）博研团队）

参赛选手： 孟　猛　孙召勃　李吉斌　李　振
指导老师： 邱正松　姜瑞忠　李明忠　李自力

作品说明

本作品针对沁端区块提出了一整套煤层气田开发方案，依据"低成本、低伤害、重安全"的设计原则，结合目标区块特点，进行了气藏工程方案设计，并优选出一套最优方案，围绕该方案对钻完井、采气、地面进行了详细设计，最后给出了经济评价。结果表明，该方案经济可行、技术合理、具有较强的实用价值。

方案的主要成果有：（1）建立了三维地质模型，进行了储量计算与评价；（2）通过气藏工程方法论证和数值模拟研究，进行了开发技术政策研究，完成了方案设计和指标预测；（3）编制了四套完整的钻完井工程方案，通过水平井的井壁稳定性评价，论证了泡沫钻井的可行性；（4）分别对直井和水平井压裂进行了详细设计，编制了煤层气排水采气设计软件；（5）推荐井间串接、二级增压的集输方案，分别对集输管网和战场进行了优化设计；（6）建立了HSE管理体系，总体方案经济效益好。

方案的特色是基于水动力场原理，确立了"纵向区域性合采，平面单元化开发"的设计原则，进行了合采区优选和单元划分，有效地解决了15号煤层的开采问题；钻完井方面，对煤层欠平衡钻井进行了井壁稳定性评价，论证了泡沫钻井的可行性；采气方面，通

过排采管柱的敏感性分析,有效地解决了携带煤粉出井的问题;而对于地面设计,对于集输管网和站场,均考虑了地形起伏的影响,并形成了相关软件。

1 气藏地质和气藏工程

1.1 气藏地质

(1)目标区块位于沁水盆地南部,属山区丘陵地貌,以低山丘陵为主。区块内发育 F1 封闭正断层,走向总体呈 NE 向延伸,贯穿全区。断层宽约 3m,产状为 300°∠45°,断距约 100m。较大的褶曲有 2 条(自东向西分别为:f_1 向斜和 f_2 背斜,走向大致为北北东向。区内节理总体较发育。

(2)区块内主要可采煤层 2 层,分别为 $3^\#$ 煤层和 $15^\#$ 煤层,总厚 10.70m。$3^\#$ 煤层干燥无灰基气含量多在 $9.0 \sim 21.3 m^3/t$ 之间,$15^\#$ 煤层干燥无灰基气含量一般在 $10.8 \sim 22.5 m^3/t$ 之间;$3^\#$ 煤层兰氏体积在 $30.39 \sim 47.16 m^3/t$ 之间,平均 $36.98 m^3/t$,兰氏压力 $1.9 \sim 2.49 MPa$,平均 $2.19 MPa$;$15^\#$ 煤层兰氏体积在 $35.4 \sim 46.88 m^3/t$ 之间,平均 $38.82 m^3/t$,兰氏压力 $1.88 \sim 2.73 MPa$,平均 $2.18 MPa$,属于未饱和煤层气藏。

(3)$3^\#$ 煤层孔隙度为 $3.95\% \sim 5.96\%$,$15^\#$ 煤层孔隙度为 $5.1\% \sim 5.92\%$;$3^\#$ 煤层渗透率在 $0.97 \sim 2.07 mD$ 之间;$15^\#$ 煤层渗透率在 $0.68 \sim 1.76 mD$ 之间,为低孔低渗储层。

(4)$3^\#$ 煤储层压力为 $3.76 \sim 5.94 MPa$,压力系数为 $0.693 \sim 0.808$;$15^\#$ 煤储层压力为 $4.40 \sim 6.74 MPa$,压力系数为 $0.703 \sim 0.828$,均为欠压储层。

(5)恒温带深度 50m 左右,温度 17℃ 左右,地温梯度为 $1.8 \sim 2.2$℃/100m,地温梯度偏低;$3^\#$ 煤层最小水平应力为 $8.154 \sim 11.184 MPa$,应力梯度为 $0.0129 \sim 0.0151 MPa/m$;$15^\#$ 煤层的最小水

平应力为10.037~15.208MPa，应力梯度为0.0136~0.0178MPa/m，均为正常水平。

（6）3#煤层和太原组15#煤层的含水性较弱。钻孔资料显示，产出水水质类型以$NaHCO_3$为主，矿化度一般在1200mg/L。

（7）建立了目标区三维地质模型并计算储量为$63.14×10^8m^3$，油藏工程方法计算储量为$62.63×10^8m^3$，两者相差不大，储量丰度为中丰度煤层气藏。

1.2 气藏工程方案

（1）从煤层气藏的开采机理、产能评价、排采动态、井网井距、动用储量及采收率等方面进行了气藏工程方法论证。

（2）建立稳定产能和动态产能模型，对目标区进行分析评价及预测，对于压裂直井，单井产量范围为1000~3000m³/d，平均为2300m³/d；对于分支井，单井产量范围为14000~40000m³/d，平均为22000m³/d。

（3）利用RTA软件对排采动态进行分析，当前目标区单井动储量是$948.6×10^4m^3$。共布170口井，可得全区动储量为约为$16.5×10^8m^3$；类比相近区块，采收率50%，等温吸附曲线法算得采收率45.4%，数值模拟采收率为42.74%；目标区块可采储量为$30.6×10^8m^3$。

（4）对比目标煤层气藏与相似煤层气藏开发经验，并通过CMG数值模拟软件对不同开发方式进行对比，结合经济技术可行性，最终确定目标煤层气藏采用衰竭开采的开发方式来开发设计。同时，对注CO_2和烟道气提高煤层气采收率进行了先导性试验研究。

（5）基于气藏工程研究成果，利用数值模拟技术（CMG软件），进行了开发技术政策研究，对生产井合理参数、最佳生产制度、井网井距、井网部署等进行了优化；基于地下水动力场分布特征，筛选出3#煤层与15#煤层合采区域，非合采区优先开采3#煤层，

15#煤层为接替层；结合储量丰度分布规律，优化出四类开发单元进行开发，井网形式为矩形井网300m×400m，共布170口压裂直井，3口分支水平井。

（6）鉴于目标区为新区，在气藏工程论证及开发技术政策研究的基础上，共设计了3套开发方案：保守方案、基础方案和风险方案。推荐方案为基础方案，模拟30年：累计产气27.17×10^{8}m^3，累计产水21.34×10^{4}m^3，3#煤层采收率42.45%，15#煤层采收率43.16%，全区采收率42.73%。

2 钻完井工程方案

根据气藏地质开发要求和区块地质特征，分别针对直井、丛式井、鱼骨状多分支井以及分段压裂水平井设计了四套完整的的钻完井工程方案，主要包括地质概况分析、井眼轨迹设计、煤岩欠平衡钻井井壁稳定性分析、煤层储层保护措施、井身结构设计、钻具组合设计、泡沫钻井和常规钻井水利参数设计、钻井液设计、钻机及欠平衡钻井装备设计、固井设计、完井设计、钻井计划进度和成本。

（1）地质概况分析。结合煤岩储层特性以及本地区地质资料，发现煤层井眼稳定性和储层保护为钻井设计的关键问题，同时本区块地层钻井时需要注意防漏和防斜。因此，确定了在煤岩储层段使用泡沫钻井液进行欠平衡钻井，灰泥岩井段使用常规钻井的方案。

（2）井眼轨迹设计。结合油藏方案确定的井位，按照定向井轨道设计与轨迹计算原则，采用双增法对多分支水平井主井眼进行设计，优化了侧钻井眼造斜率和井深。穿越洞穴井后采用"增—降—稳"轨道方式将各分支井眼设计成"上鱼骨"状，钻进方式选择"前进式"，水平段主井眼上倾。分段压裂水平井同样选择双增轨道设计，水平段末端穿越洞穴井，水平段主井眼下倾。丛式井组（4

井口）选择单增轨道，井口相距5m。

（3）煤岩欠平衡钻井井壁稳定分析。编制了煤岩欠平衡钻井井壁稳定性评价软件，该软件通过线弹性力学模型分析了钻采过程中井眼围岩应力分布状态，实现了对不同井斜角和方位角下煤岩坍塌压力和破裂压力的数值模拟，得出直井和水平井的安全钻井液密度窗口；并通过分析欠平衡钻井避免储层应力敏感伤害因素，得出了煤岩欠平衡钻井合理钻井液密度窗口，确定出欠平衡钻井合理欠压值，为后续钻井设计提供了依据。

（4）储层保护设计。通过分析煤岩储层伤害类型和钻井液对煤岩储层的伤害因素，结合地层易漏失的特点，优选可循环泡沫钻井液体系进行欠平衡钻井，固井时应用空心漂珠水泥浆体系。

（5）井身结构设计。煤储层较浅，根据现场实际，将多分支和水平压裂井设计成三开，直井和丛式井设计成二开。对四口井给出了设计说明，同时校核了抗外挤、抗拉和抗内压能力，利用CAD做出井身结构图，最后对下套管作业，尤其是扶正器的安放进行了合理设计。

（6）钻具组合设计。按照直井和水平井钻柱组合设计原则，结合水平井与洞穴井连通技术（RMRS），优化设计出三口井各个钻井段的钻具组合，得出不同开次全井段起下钻轴向力的分布规律，并且以综合应力为判断依据，通过计算安全系数，对全井段进行了校核。

（7）水力参数设计。斜井段钻进要求井眼内岩屑床的厚度应控制在井眼直径的10%以内，以此对斜井段的水力参数进行了优化设计；煤层内钻进采用泡沫作为循环介质，结合泡沫特性，应用微元迭代计算法，保证泡沫钻进储层的合理欠压值的前提下，得出环空、钻杆内压力和泡沫质量分布规律，进而对注气量和注液量等水力参数进行优化设计。

（8）钻井装备选择。结合现场实际和设计井深等因素，多分支井和水平井选择了雪姆 T200XD 钻机，直井和丛式井选择 Z20/135 型钻机；并且优选了欠平衡钻井所需的旋转防喷器、节流管汇系统、泡沫发生器等设备；同时确定了煤层气钻井压力控制措施和各开次井口装置。

（9）钻井液设计。从煤岩储层保护角度出发，采用可循环泡沫钻井液体系进行欠平衡钻井，泡沫体系很大程度上减少了对储层的伤害，并具有优良的封堵性能；对于灰泥岩井段，则采用聚合物钻井液体系，有效地防止了全井段易漏、易塌等复杂情况的发生，表层则采用膨润土钻井液体系钻穿第四系。

（10）固井设计。考虑到煤层气固井难点，通过选择空气漂珠水泥浆体系实现了"低压固井"，并优化设计了四口井各开次水泥浆注入工艺，直井、丛式井、多分支井和压裂水平井二开水泥均返至煤层上方 200m，多分支井和压裂水平井三开不固井。

（11）完井设计。结合现场实际，多分支井选择水平段下入 600m 外径 101mm PE 筛管完井，优化设计出筛管参数；水平井选择三开套管完井而不固井，便于后期进行水力喷射压裂以及油管传输射孔的补孔作业的实施；直井和丛式井选择射孔完井，具体射孔工艺见采气工程方案。

（12）钻井计划进度和成本。直井单井 120 万元，单井周期为 10 天；丛式井组（4 井口）450 万，完成周期为 35 天；分段压裂水平井单井 800 万，单井周期为 30 天；多分支水平井单井 1500 万，单井周期顺利情况下为 60 天左右。

3　采气工程方案

（1）钻井工程给定了不同井型的完井方式，其中直井需要进行射孔完井。为减少煤层伤害、提高产气能力以及便于后期施工作业，需要对射孔进行优化设计。编写了射孔参数敏感性分析软件，对各项射孔参数对煤层产率比的影响进行分析，最终选定了YD-127枪装SDP43RDX-55-127（127弹），设计孔密20孔/米，孔径0.012m，相位角120°。

（2）为了增大煤层气井的产量，拟对该区块新井实施压裂作业。直井采用分层水力压裂，使用活性水压裂液和石英砂进行施工。加砂方式为阶梯式分段加砂，并注入较大粒径尾砂防止回流，增大近井地带渗透率。对施工泵序进行设计和优化。利用FracproPT软件进行压裂预测，估计$3^{\#}$层裂缝缝长109.7m，$15^{\#}$层裂缝长度93.5m，平均裂缝宽度2.8~3.2cm，无量纲导流能力14.3~15.4，达到气藏方案设计要求。

（3）水平井设计分5段压裂，间隔200m，采用带有底封的油管拖动式水力喷射压裂工艺。利用射流射开地层和井筒，底封坐封后采用油套混注的方式进行水力压裂以延展裂缝。设计了压裂管柱和油管组合，并对喷射孔眼尺寸等进行优化。水平井压裂液选用活性水压裂液，支撑剂使用100目和20/40石英砂。

（4）分析了煤层压裂过程中的储层伤害机理提出多项煤层压裂储层保护措施。

（5）结合煤层气藏的特殊性，利用三级综合评判和等级加权法对该区块煤层气排水采气方式进行选择，最终选定使用常规有杆泵作为主要排采方式，螺杆泵举升作为备选方案。利用煤层气排水采气敏感性分析软件，研究了油管尺寸选择对采气指标的影响，在一定范围内，油管尺寸对套压和环空气柱压力损失影响不大，因此从携带煤粉出井的角度选择了$2\frac{7}{8}$in油管进行生产。

编制了有杆泵设计软件，根据地层供液能力、生产井及所选油管参数，可以对有杆泵参数进行设计，该软件可以提供完整的有杆泵设计方案。以直井为例，按照系统效率最高+定产量生产的要求，可以得到应选用CYJ5—2.5—26HB型抽油机，泵径38mm，抽油杆直径16mm，下泵深度450m左右。稳产期冲程1.4m，冲次1次/min，悬点最大载荷10.7kN 此时系统效率约36.12%。

此外还绘制了螺杆泵选型图版，用于对螺杆泵和配套电动机及抽油杆进行设计。

（6）针对煤层气开采的特殊问题提出了解决措施，如开采过程中出煤粉可以通过稳定排液，减少液面波动，避免停泵作业等方法降低其对生产的影响。对煤层气排采方案提出了相应的改进建议。

4　地面工程方案

根据工程区块的自然条件和气井井位，参照煤层气地面工程集输流程，分别对气井井场、集输管网、集气站、中心处理站进行了设计。对于集输方式，提出了三种典型煤层气集输方案，最终通过方案比选，采取了气井分组、组内井间串接、低压集气、站场二级分离、两地增压、集中处理的集输工艺。根据最优化的气井分组方式布置了集气管网，结合地理因素，确定了集气站和中心处理站的最佳建造位置，并进行了管网水力热力计算、站场设备选型及采出水处理工艺设计，配合电力、通信等地面辅助工程，完成了沁端区块煤层气从井口到外输点的整个地面集输工艺流程。

（1）针对沁端区块的地理位置、自然条件以及上游开发方案进行了分析，确定了地面工程规划思路。

（2）参照常规煤层气田地面集输方式，结合沁水盆地的特点，确定了沁端区块煤层气地面集输工艺。通过排水采气，井口采出气在地面完成分离、计量、增压、脱水的工艺流程。气液分离采取集气站、中心处理站站场两地分离的方式；计量方式为单井计量与站场计量相结合；增压方式为二级增压；脱水方式为三甘醇脱水。

（3）通过比选三种典型集输方案，采取了气井分组、组内井间串接、低压集气、站场二级分离、两地增压、集中处理的集输工艺。在工程区块内完成166口直井、1个丛式井组（含4口井）和3口多分支水平井采出气的集输任务以及采出水的处理任务，拟建集气站10座，中心处理站1座，计量站、增压站、清管站、污水站等均与集气站和中心处理站合建，集气站和中心处理站均考虑了预留设备空位，在满足集输任务和滚动开发要求的前提下最大程度地降低了建设投资，从而获得最大的经济效益。

（4）采出水处理工艺的设计考虑到排水期，采出水处理选取井口与站场分别处理的方式。开发前期排水期的采出水矿化度偏高，且产量相对较大，考虑经济性，可采取曝气、沉降、注氧的地面处理流程；随着开发的进行，定期对采出水水质进行检测，后续采出水处理可利用常规含悬浮物的采出水处理流程，待水质满足相应的TDS含量标准后，可分别用于灌溉、畜牧、消防等，多余水则排放至工程区块西侧沁河。

（5）针对目前日益关注的安全问题，提出了契合本煤层气开发区块的管网应急管理机制及应急响应方案，该机制是为了在预防和控制潜在的事故或紧急情况发生时能够及时做出应急准备和响应，最大限度地减轻可能产生的事故后果，这就在降低投资提高产量的同时，确保了生产能够安全进行。

（6）分别对防腐、电力、消防、自控与通信、道路、暖通和组织定员等辅助工程进行了设计。

5 HSE

安全环保工程依据国家、行业基本要求，建立了一套完整的煤层气田开发HSE管理体系。从健康、安全、环境三个角度出发，分

别对煤层气田职业有害因素、钻完井作业、采气、压裂、地面集输等生产安全有害因素、环境保护有害因素进行了分析，提供了相应的风险识别体制和有效防控措施，以便减少可能引起的人员伤害、财产损失和环境污染，对实际生产和运行具有一定的指导意义。

6 经济评价

此次经济评价在气藏工程、钻完井工程、采气工程和地面集输工程设计方案的基础上，按照国家计委颁布的经济评价方法与参数的要求，根据国家现行财税制度和价格体系，结合气田开发的实际情况，对方案的销售收入、成本费用和销售税金进行了计算，得出了利润估算和财务评价。针对气藏开发方案设计要求，项目投资成本共计66589.5万元，其中：钻井投资24900万元，采气投资31059.8万元，地面工程投资3852万元，建设期利息4093.5万元，流动资金2684.2万元。在气价1.45元的基础上，计算出财务内部收益率为12.56%>12%（煤层气行业基准），动态投资回收期为5.007<8年（煤层气行业基准），财务净现值为1459.7万元，最终盈利10.09亿元。综上所述，气藏工程推荐方案在评价期内具有较强的盈利能力和清偿能力。最后，对方案进行了敏感性分析，结果表明影响因素由强到弱依次是投资、产量、气价和补贴。

参 考 文 献

[1] 张来斌.面向中国石油工业探索国际化人才培养体系——以中国石油大学（北京）为例［J］.大学（学术版），2012（8）.

[2] 周冲.美国能源安全战略及中国对其的借鉴［D］.青岛：中国海洋大学，2013.

[3] 张来斌，山红红.以学科建设为引领，打造一流的石油高等教育［J］.中国石油大学学报（社会科学版），2013（5）.

[4] 徐恩波.试论产学研结合的基础、方式与风险性［J］.科技与管理，2001，9（1）：44-47.

[5] 梁永图，陈勉，曹立虎.基于全国石油工程设计大赛平台的卓越石油工程师培养研究［J］.石油教育，2011（6）：68-70.

[6] 徐金燕.行业文化是石油校企合作可持续发展的灵魂［J］.石油教育，2005，（3）：60-63.

[7] 张华英.人才国际化与国际化人才的培养［J］.福建农林大学学报（哲学社会科学版），2003（6）.

[8] SY/T 10011—2006，油田总体开发方案编制指南［S］.

[9] DZ/T 0217—2005，石油天然气储量计算规范［S］.

[10] GB 50350—2005，油气集输设计规范［S］.

[11] SY/T 6106—2008，气田开发方案编制技术要求［S］.

[12] SY/T 10014—1998，海上砂岩气田总体开发方案编制指南.